技能型人才培训用书
国家职业资格培训教材

公差配合与测量

国家职业资格培训教材编审委员会 编
何兆凤 主编

机械工业出版社

本书是"国家职业资格培训教材"中的基础课教材之一,是依据《国家职业标准》中机械加工、钳加工、修理等职业对公差配合与测量知识共同的基本要求,按照岗位培训需要的原则编写的。

本书主要内容包括:极限与配合、形状和位置公差、表面粗糙度、技术测量的基本知识及常用计量器具。本书每章均附有复习思考题,书末附有与之配套的试题库和答案,以便于企业培训、考核鉴定和读者自测自查。

本书主要用作企业培训、职业技能鉴定培训、再就业和农民工培训的教材,也可作为技校、中职、各种短训班的教学用书。

图书在版编目(CIP)数据

公差配合与测量/何兆凤主编. —北京:机械工业出版社,2006.12(2025.7重印)
国家职业资格培训教材
ISBN 978-7-111-20503-6

Ⅰ.公… Ⅱ.何… Ⅲ.①公差—配合—技术培训—教材②技术测量—技术培训—教材 Ⅳ.TG801

中国版本图书馆 CIP 数据核字(2006)第 150569 号

机械工业出版社(北京市百万庄大街22号 邮政编码100037)
责任编辑:王英杰 版式设计:霍永明 责任校对:李汝庚
封面设计:饶 薇 责任印制:张 博
固安县铭成印刷有限公司印刷
2025 年 7 月第 1 版第 13 次印刷
148mm×210mm·6.25 印张·177 千字
标准书号:ISBN 978-7-111-20503-6
定价:39.90 元

电话服务 网络服务
客服电话:010-88361066 机 工 官 网:www.cmpbook.com
　　　　　010-88379833 机 工 官 博:weibo.com/cmp1952
　　　　　010-68326294 金 书 网:www.golden-book.com
封底无防伪标均为盗版 机工教育服务网:www.cmpedu.com

国家职业资格培训教材编审委员会

主　　任	于　珍
副 主 任	郝广发　李　奇　洪子英
委　　员	(按姓氏笔画排序)

王　蕾　王兆晶　王英杰　王昌庚
田力飞　刘云龙　刘书芳　刘亚琴(常务)
朱　华　沈卫平　汤化胜　李春明
李家柱　李晓明　李超群(常务)
李培根　李援瑛　吴茂林　何月秋(常务)
张安宁　张吉国　张凯良　陈业彪
周新模　郑　骏　杨仁江　杨君伟
杨柳青　卓　炜　周立雪　周庆轩
施　斌　荆宏智(常务)　柳吉荣
徐　彤(常务)　黄志良　潘　茵
潘宝权　戴　勇

顾　　问	吴关昌
策　　划	李超群　荆宏智　何月秋
本书主编	何兆凤

序 一

当前和今后一个时期,是我国全面建设小康社会、开创中国特色社会主义事业新局面的重要战略机遇期。建设小康社会需要科技创新,离不开技能人才。"全国人才工作会议""全国职教工作会议"都强调要把"提高技术工人素质、培养高技能人才"作为重要任务来抓。当今世界,谁掌握了先进的科学技术并拥有大量技术娴熟、手艺高超的技能人才,谁就能生产出高质量的产品,创出自己的名牌;谁就能在激烈的市场竞争中立于不败之地。我国有近一亿技术工人,他们是社会物质财富的直接创造者。技术工人的劳动,是科技成果转化为生产力的关键环节,是经济发展的重要基础。

科学技术是财富,操作技能也是财富,而且是重要的财富。中华全国总工会始终把提高劳动者素质,作为一项重要任务,在职工中开展的"当好主力军,建功'十一五',和谐奔小康"竞赛中,全国各级工会特别是各级工会职工技协组织注重加强职工技能开发,实施群众性经济技术创新工程,坚持从行业和企业实际出发,广泛开展岗位练兵、技术比赛、技术革新、技术协作等活动,不断提高职工的技术技能和操作水平,涌现出一大批掌握高超技能的能工巧匠。他们以自己的勤劳和智慧,在推动企业技术进步,促进产品更新换代和升级中发挥了积极的作用。

欣闻机械工业出版社配合新的《国家职业标准》,为技术工人编写了这套涵盖41个职业的172种"国家职业资格培训教材"。这套教材由全国各地技能培训和考评专家编写,具有权威性和代表性;将理论与技能有机结合,并紧紧围绕《国家职业标准》的知识点和技能鉴定点编写,实用性、针对性强;既有必备的理论和技能知识,又有考核鉴定的理论和技能题库及答案,编排科学、便于培训和检测。

这套教材的出版非常及时,为培养技能型人才做了一件大好事,我相信这套教材一定会为我们培养更多更好的高技能人才做出贡献!

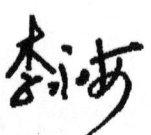

(李永安 中国职工技术协会常务副会长)

序 二

为贯彻"全国职业教育工作会议"和"全国再就业会议"精神,落实国家人才发展战略目标,促进农村劳动力转移培训,全面推进技能振兴计划和高技能人才培养工程,加快培养一大批高素质的技能型人才,我们精心策划了这套与劳动和社会保障部最新颁布的《国家职业标准》配套的"国家职业资格培训教材"。

进入21世纪,我国制造业在世界上所占的比重越来越大,随着我国逐渐成为"世界制造业中心"进程的加快,制造业的主力军——技能人才,尤其是高级技能人才的严重缺乏已成为制约我国制造业快速发展的瓶颈,高级蓝领出现断层的消息屡屡见诸报端。据统计,我国技术工人中高级以上技工只占3.5%,与发达国家40%的比例相去甚远。为此,国务院先后召开了"全国职业教育工作会议"和"全国再就业会议",提出了"三年50万新技师的培养计划",强调各地、各行业、各企业、各职业院校等要大力开展职业技术培训,以培训促就业,全面提高技术工人的素质。那么,开展职业培训的重要基础是什么呢?

众所周知,"教材是人们终身教育和职业生涯的重要学习工具"。顾名思义,作为职业培训的重要基础,职业培训教材当之无愧!编写出版优秀的职业培训教材,就等于为技能培训提供了一把开启就业之门的金钥匙,搭建了一座高技能人才培养的阶梯。

加快发展我国制造业,作为制造业龙头的机械行业责无旁贷。技术工人密集的机械行业历来高度重视技术工人的职业技能培训工作,尤其是技术工人培训教材的基础建设工作,并在几十年的实践中积累了丰富的教材建设经验。作为机械行业的专业出版社,机械工业出版社在"七五"、"八五"、"九五"期间,先后组织编写出版了"机械工人技术理论培训教材"149种,"机械工人操作技能培训教材"85种,"机械工人职业技能培训教材"66种,"机械工业技师考评培训教材"22种,以及配套的习题集、试题库和各种辅导性教材约800种，基本满足了机械行业技术工人培训的需要。这些教材以其针对性、实用性强，覆盖面广，层次齐备，成龙配套等特点，受到全国各级培训、鉴定和考工部门和技术工人的欢迎。

2000年以来，我国相继颁布了《中华人民共和国职业分类大典》和新的《国家职业标准》，其中对我国职业技术工人的工种、等级、职业的活动范围、工作内容、技能要求和知识水平等根据实际需要进行了重新界定，将国家职业资格分为5个等级：初级(5级)、中级(4级)、高级(3级)、技师(2级)、高级技师(1级)。为与新的《国家职业标准》配套，更好地满足当前各级职业培训和技术工人考工取证的需要，我们精心策划编写了这套"国家职业资格培训教材"。

这套教材是依据劳动和社会保障部最新颁布的《国家职业标准》编写的，为满足各级培训考工部门和广大读者的需要，这次共编写了41个职业172种教材。在职业选择上，除机电行业通用职业外，还选择了建筑、汽车、家电等其他相近行业的热门职业。每个职业按《国家职业标准》规定的工作内容和技能要求编写初级、中级、高级、技师(含高级技师)四本教材，各等级合理衔接、步步提升，为高技能人才培养搭建了科学的阶梯型培训架构。为满足实际培训的需要，对多工种共同需求的基础知识我们还分别编写了《机械制图》、《机械基础》、《电工常识》、《电工基础》、《建筑装饰识图》等近20种公共基础教材。

在编写原则上，依据《国家职业标准》又不拘泥于《国家职业标准》是我们这套教材的创新。为满足沿海制造业发达地区对技能人才细分市场的需要，我们对模具、制冷、电梯等社会需求量大又已单独培训和考核的职业，从相应的职业标准中剥离出来单独编写了针对性较强的培训教材。

为满足培训、鉴定、考工和读者自学的需要，在编写时我们考虑了教材的配套性。教材的章首有培训要点、章末配复习思考题，书末有与之配套的试题库和答案，以及便于自检自测的理论和技能模拟试卷，同时还根据需求为20多种教材配制了VCD光盘。

增加教材的可读性、提升教材的品质是我们策划这套教材的又一亮点。为便于培训、鉴定、考工部门在有限的时间内把最需要的知识和技能传授给学员，同时也便于学员抓住重点，提高学习效率，对需要掌握的重点、难点、考点和知识鉴定点加有旁白提示并采用双色印刷。

为扩大教材的覆盖面和体现教材的权威性，我们组织了上海、江苏、广东、广西、北京、山东、吉林、河北、四川、内蒙古等地相关行业从事技能培训和考工的200多名专家、工程技术人员、教师、技师和高级技师参加编写。

这套教材在编写过程中力求突出"新"字，做到"知识新、工艺新、技术新、设备新、标准新"；增强实用性，重在教会读者掌握必需的专业知识和技能，是企业培训部门、各级职业技能鉴定培训机构、再就业和农民工培训机构的理想教材，也可作为技工学校、职业高中、各种短训班的专业课教材。

在这套教材的调研、策划、编写过程中，曾经得到广东省职业技能鉴定中心、上海市职业技能鉴定中心、江苏省机械工业联合会、中国第一汽车集团公司以及北京、上海、广东、广西、江苏、山东、河北、内蒙古等地许多企业和技工学校的有关领导、专家、工程技术人员、教师、技师和高级技师的大力支持和帮助，在此谨向为本套教材的策划、编写和出版付出艰辛劳动的全体人员表示衷心的感谢！

教材中难免存在不足之处，诚恳希望从事职业教育的专家和广大读者不吝赐教，提出批评指正。我们真诚希望与您携手，共同打造职业培训教材的精品。

国家职业资格培训教材编审委员会

前 言

进入 21 世纪，科学技术已发展到了相当高的水平，各行各业对人才的需求越来越迫切，尤其是机械制造业严重缺乏高级技能人才的现状，更需要我们大力开展职业技术培训，全面提高技术工人的素质。

最近，劳动和社会保障部颁布了最新的《国家职业标准》，就是为了提高技术工人的职业素质，使其适应企业的发展需要和在企业中发挥应有的作用。本书就是根据《国家职业标准》中对机械加工、钳加工、修理等职业的技能要求和知识要求，并结合近年来各地对其要求鉴定的内容进行编写的。

本书以《国家职业标准》为依据，坚持"考什么，编什么"的原则，内容严格限制在机械加工、钳加工、修理等工种对公差配合与技术测量知识要求的范围内，是一本相对独立的教材。在编写过程中，基本保证了知识的连贯性，着眼于技能操作，力求简明精练，突出以下几个特点：

1. 实用性。以"实用，够用"为宗旨，按岗位培训需要编写；以技能为主线，理论与技能有机结合，重在教会学员掌握必需的专业知识和技能；突出"新"字，做到"知识新，工艺新，技术新，标准新"。

2. 针对性。根据《国家职业标准》对机械加工、钳加工、修理等职业的基本要求，有针对性地编写教材内容，为各级别职业技术培训打下坚实基础。

3. 新颖性。为增加可读性，在需要掌握的重点、难点和知识鉴定点加有旁白提示，便于培训、鉴定时抓住重点，提高效率。

为满足培训、鉴定、考工和读者自学的需要，在教材的章首有培训学习目标，章末配有复习思考题，书末有与之配套的试题库和答案。

本书由何兆凤主编。在编写过程中，得到了一汽教育培训中心的大力支持，在此深表谢意。限于作者的水平，书中难免存在不足和错误，恳请广大读者提出宝贵意见和建议。

编　者

目录

序一
序二
前言

第一章 极限与配合 ······ 1
  第一节 基本概念 ······ 1
    一、互换性的概念 ······ 1
    二、加工误差与公差 ······ 2
  第二节 极限与配合标准简介 ······ 3
    一、基本术语及定义 ······ 3
    二、标准公差系列 ······ 10
    三、基本偏差系列 ······ 13
    四、配合制（基准制） ······ 27
    五、公差带和配合的表示 ······ 28
    六、一般公差——线性尺寸的未注公差 ······ 30
  第三节 极限与配合的选择 ······ 31
    一、基准制的选用 ······ 31
    二、公差等级的选用 ······ 32
    三、配合的选择 ······ 34
  第四节 极限与配合的标注 ······ 34
    一、零件图上的标注方法 ······ 34
    二、装配图上的标注方法 ······ 35
  复习思考题 ······ 36

第二章 形状和位置公差 ······ 37

第一节 基本概念 ... 37
一、形位公差的特征项目及其符号 ... 37
二、形位公差的代号 ... 38
三、形位公差的基准符号 ... 39
四、零件的几何要素 ... 39

第二节 形位公差各项目的意义 ... 41
一、形位公差带 ... 41
二、形位公差各项目的意义 ... 44

第三节 形位公差的标注 ... 46
一、形位公差标注的基本规定 ... 46
二、形位公差的标注示例 ... 53

第四节 公差原则 ... 67
一、有关公差原则的一些术语 ... 67
二、公差原则 ... 68

复习思考题 ... 71

第三章 表面粗糙度 ... 72
第一节 表面粗糙度概述 ... 72
一、表面粗糙度的定义 ... 72
二、表面粗糙度对零件使用性能的影响 ... 73

第二节 表面粗糙度的评定 ... 74
一、基本术语 ... 74
二、评定参数 ... 76
三、评定参数值的规定 ... 78

第三节 表面粗糙度的符号、代号及标注 ... 78
一、表面粗糙度符号 ... 78
二、表面粗糙度代号 ... 79
三、表面粗糙度在图样上的标注 ... 81

第四节 表面粗糙度的应用及检测 ... 84
一、表面粗糙度的选用 ... 84
二、表面粗糙度的检测 ... 84

复习思考题 …………………………………………… 85

第四章　技术测量的基本知识及常用计量器具 …………… 87
第一节　技术测量的基本知识 ……………………………… 87
　　一、技术测量的含义 …………………………………… 87
　　二、测量要素 …………………………………………… 88
第二节　游标量具 …………………………………………… 90
　　一、游标卡尺的结构形式和用途 ……………………… 90
　　二、游标卡尺的刻线原理 ……………………………… 92
　　三、游标卡尺的读数方法 ……………………………… 94
　　四、游标卡尺的正确使用 ……………………………… 95
　　五、游标卡尺的维护保养 ……………………………… 97
　　六、其他游标卡尺 ……………………………………… 98
第三节　测微螺旋量具 ……………………………………… 101
　　一、外径千分尺(千分尺)的结构 ……………………… 101
　　二、千分尺的读数原理 ………………………………… 102
　　三、千分尺的读数方法 ………………………………… 102
　　四、千分尺的测量范围和精度 ………………………… 103
　　五、千分尺的正确使用 ………………………………… 103
　　六、千分尺的维护保养 ………………………………… 105
　　七、其他测微螺旋量具 ………………………………… 105
第四节　机械式量仪 ………………………………………… 109
　　一、百分表 ……………………………………………… 109
　　二、杠杆百分表 ………………………………………… 113
　　三、内径百分表 ………………………………………… 116
第五节　角度尺 ……………………………………………… 118
　　一、直角尺 ……………………………………………… 118
　　二、游标万能角度尺 …………………………………… 119
第六节　光滑极限量规 ……………………………………… 125
　　一、概述 ………………………………………………… 125
　　二、量规的分类 ………………………………………… 125

三、塞规和卡规 …………………………………………… 126
　　四、量规的使用方法和维护保养 ………………………… 127
　复习思考题…………………………………………………… 128

试题库………………………………………………………… 130
　　一、判断题　试题(130)　答案(141)
　　二、选择题　试题(134)　答案(141)
　　三、简答题　试题(139)　答案(141)
　　四、计算题　试题(140)　答案(143)

附录…………………………………………………………… 145
　附录A　轴的极限偏差……………………………………… 145
　附录B　孔的极限偏差……………………………………… 165

参考文献……………………………………………………… 183

第一章 极限与配合

培训学习目标 了解零、部件的互换性及加工误差的概念，熟悉极限与配合标准的基本规定及在零件图和装配图上的标注方法。

第一节 基本概念

一、互换性的概念

1. 互换性的含义

随着改革开放的不断深入发展，我国加入 WTO 后，面临巨大挑战和机遇，世界制造业中心正在逐渐向我国转移，这些都要求我们为世界各国和国民经济各部门提供性能优良、品种齐全、成本低廉，能满足人类生产和生活不同需要的优质产品。为了适应这种形势，必须使组成机器的零件按专业化、协作化组织生产。而要保证机器的顺利安装，这些按专业化、协作化组织生产出来的零部件都必须具有互换性，即不仅要保证零件在装配过程中不经任何挑选和修配就能顺利地装入，还要保证机器在以后的使用过程中，一旦某零件发生损坏，便可用相同规格的零件调换，以满足其使用要求。

在机械制造业中，互换性是指制成的同一规格的一批零件或部件，任取其一，不需作任何挑选、调整或辅助加工（如钳工修理），就能进行装配，并能满足机械产品的使用性能要求的一种特性。

2. 互换性的种类

互换性按其程度和范围的不同可分为完全互换性（绝对互换性）和不完全互换性（有限互换性）两种。

完全互换性是指同一规格的零件在装配或更换时，不需选择、调整与修理，即可装配到机器上去，并能满足规定使用要求的性能，如螺栓、螺母、圆柱销、滚动轴承等。

不完全互换性是指同一规格的零件在装配或更换时，在同一组别内可以互换，但在不同组别间不可互换，需要进行挑选或调整才能满足使用要求的特性，如活塞、活塞环、活塞销、连杆、轴承、凸轮轴衬套等。

一般情况下，不完全互换性只用于部件或机构制造厂的内部装配，至于厂外协作，即使产量不大，往往也要求完全互换性。

3. 互换性的作用

在设计方面，按照互换性的要求设计，达到标准化、系列化、通用化，有利于最大限度地采用标准件和通用件，使设计、计算、制图等工作大为简化，且便于计算机进行辅助设计，缩短设计周期，加速产品更新换代。

在制造方面，有利于组织大规模专业化生产，便于采用高效专业设备，不仅产量和质量高，且加工灵活，生产周期短，成本低，实现装配流水线，提高装配生产率。

在使用方面，由于具有互换性，若零部件坏了，可方便地用备件替换，既缩短维修时间，又能保证维修质量，从而提高了机器的利用率和延长了机器的使用寿命。

二、加工误差与公差

若使零件具有互换性，就必须保证零件几何参数的准确性。但是零件在实际加工的过程中，由于机床精度、计量器具精度、操作工人技术水平及生产环境等诸多因素的影响，使其加工后的几何参数会不可避免地偏离设计的理想要求而产生误差。我们把零件加工后几何参数（尺寸、形状和位置）所产生的差异称为加工误差。虽然零件的加工误差可能影响到零件的使用性能，但只要将其控制在一定的范围内，仍能满足使用功能要求，也就是说仍可以保证零件的互换性要求，那么这个允许的变动量就是公差。公差包括尺寸公差、形状公差、位置公差等。只有将零件的误差控制在相应的公差范围内，才能保证互换性的实现。

第二节 极限与配合标准简介

一、基本术语及定义

1. 尺寸的术语及定义

尺寸是用特定单位表示线性尺寸值的数值，由数字和特定单位组成。它包括直径、半径、宽度、深度、高度及中心距等。在技术图样中和一定范围内，毫米单位的尺寸可只写数字不写 mm。

（1）基本尺寸　通过它应用上、下偏差可算出极限尺寸的尺寸。孔的基本尺寸用 D 表示；轴的基本尺寸用 d 表示。

基本尺寸可以是一个整数或一个小数，它是设计者通过计算、试验或类比的方法确定的，一般应按标准尺寸系列取值，以减少定值刀具、量具的规格和数量。

（2）实际尺寸　通过测量获得的某一孔、轴的尺寸。孔的实际尺寸用 D_a 表示；轴的实际尺寸用 d_a 表示。

由于存在测量误差，实际尺寸并非被测尺寸的真值。真值是客观存在的，但又是不知道的，因此只能以测得的尺寸作为实际尺寸。

此外，由于零件存在着形状误差，所以不同部位的实际尺寸也不完全相同，如图 1-1 所示。

实际尺寸的大小只有控制在最大极限尺寸和最小极限尺寸之间，零件才合格。

（3）极限尺寸　一个孔或轴允许的尺寸的两个极端。孔或轴允许的最大尺寸为最大极限尺寸，即两个极端中较大的一个；孔或轴允许的最小尺寸为最小极限尺寸，即两个极端中较小的一个。孔的最大极限尺寸用 D_{max} 表示，孔的最小极限尺寸用 D_{min} 表示；轴的最大极限尺寸用 d_{max} 表示，轴的最小极限尺寸用 d_{min} 表示。

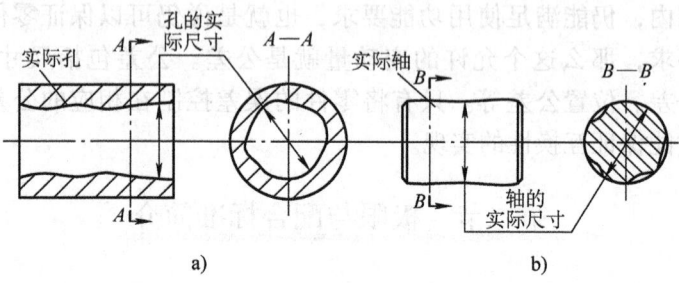

图 1-1　孔、轴的实际尺寸

由于任何加工方法加工出来的零件都有一定的差异,即使一批加工出来的零件也不可能完全一样,甚至在相同加工条件下,同一批加工出来的零件尺寸也是各不相同。因此,设计人员就必须规定实际尺寸的变动范围,这个允许尺寸变化的两个界限值就是极限尺寸。零件在任一位置的实际尺寸都应在这两个极限尺寸范围内,即实际尺寸必须小于或等于最大极限尺寸,大于或等于最小极限尺寸方为合格;否则,为不合格。

如图 1-2 所示:孔的基本尺寸(D)为 $\phi 30$mm,孔的最大极限尺寸(D_{max})为 $\phi 30.021$mm,孔的最小极限尺寸(D_{min})为 $\phi 30$mm;轴的基本尺寸(d)为 $\phi 30$mm,轴的最大极限尺寸(d_{max})为 $\phi 29.980$mm,轴的最小极限尺寸(d_{min})为 $\phi 29.967$mm。

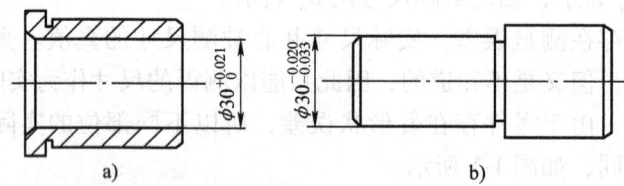

图 1-2　孔、轴的基本尺寸和极限尺寸

如果加工出来的孔的实际尺寸是 $\phi 30.019$mm,轴的实际尺寸是 $\phi 29.967$mm,则零件合格;如果加工出来的孔的实际尺寸是 $\phi 29.998$mm,轴的实际尺寸是 $\phi 30.012$mm,则零件不合格;如果加工出来的孔的实际尺寸是 $\phi 30.023$mm,轴的实际尺寸是 $\phi 29.965$mm,则零件成为废品。

2. 偏差的术语及定义

> 偏差是一个代数差。

偏差是指某一尺寸(实际尺寸、极限尺寸等等)减其基本尺寸所得的代数差。根据某一尺寸的不同,偏差可分为极限偏差和实际偏差两种。

(1)极限偏差 极限尺寸减其基本尺寸所得的代数差。由于极限尺寸有最大极限尺寸和最小极限尺寸两种,因而极限偏差有上偏差和下偏差之分,如图1-3所示。

1)上偏差:最大极限尺寸减其基本尺寸所得的代数差。孔和轴的上偏差分别用符号 ES 和 es 表示,用公式表示为

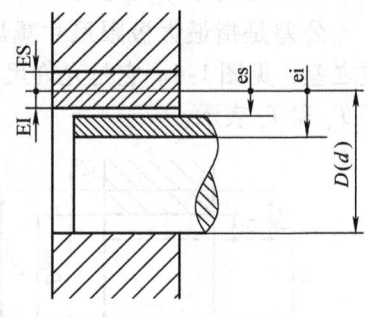

图1-3 极限偏差

$$ES = D_{\max} - D$$
$$es = d_{\max} - d$$

2)下偏差:最小极限尺寸减其基本尺寸所得的代数差。孔和轴的下偏差分别用符号 EI 和 ei 表示,用公式表示为

$$EI = D_{\min} - D$$
$$ei = d_{\min} - d$$

> 极限偏差标注的规定是应用的重点。

标注极限偏差时,上偏差应注在基本尺寸的右上方,下偏差注在基本尺寸的右下方,且上偏差必须大于下偏差,偏差数字的字体比尺寸数字的字体小一号,小数点必须对齐,小数点后的位数也必须相同,如 $\phi 20^{+0.098}_{+0.065}$ mm、$\phi 40^{-0.310}_{-0.560}$ mm;若上偏差或下偏差为零时,也必须标注在相应的位置上,不可省略,并与上偏差或下偏差的小数点前的个位数对齐,如 $\phi 100^{\ 0}_{-0.087}$ mm、$\phi 50^{+0.025}_{\ 0}$ mm;当上、下偏差数值相同、符号相反时,需简化标注,偏差数字的字体高度与尺寸数字的字体相同,如 $\phi 80 \pm 0.023$ mm、$\phi 50 \pm 0.035$ mm。

由于极限偏差是用代数差来定义的,极限尺寸可能大于、小于、等于基本尺寸,所以极限偏差可以为正、负或零值。偏差使用时,

除零外,前面必须标上相应的"+"号或"-"号。

(2) 实际偏差 实际尺寸减其基本尺寸所得的代数差。合格零件的实际偏差应在规定的极限偏差范围内。

3. 公差的术语及定义

公差是指最大极限尺寸减最小极限尺寸之差,或上偏差减下偏差之差,见图1-4。它是允许尺寸的变动量。孔和轴的公差分别用符号 T_h 和 T_s 表示。

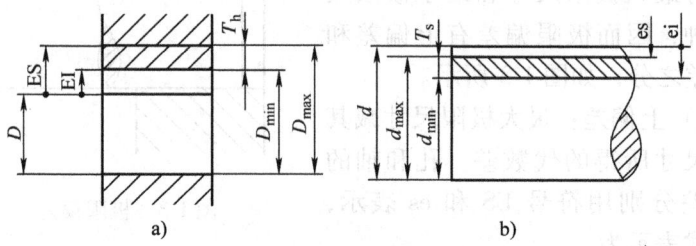

图1-4 孔、轴的公差

零件的实际尺寸若想合格,其尺寸只能在最大极限尺寸和最小极限尺寸之间的范围内变动。变动仅涉及到大小,因此用绝对值定义。所以公差等于最大极限尺寸与最小极限尺寸之代数差的绝对值,或等于上偏差与下偏差之代数差的绝对值,计算方式为

$$T_h = |D_{max} - D_{min}| = |ES - EI|$$
$$T_s = |d_{max} - d_{min}| = |es - ei|$$

> 公差是用绝对值定义的。

应当指出,公差与偏差是两个不同的概念,公差是用绝对值来定义的,没有正、负,所以前面不能标"+"号或"-"号;而且零件在加工时不可避免存在着各种误差,其实际尺寸的大小总是变动的,所以公差不能为零。

例1 求孔 $\phi 30^{+0.075}_{+0.050}$ mm 的公差

解 $T_h = |D_{max} - D_{min}| = |30.075\text{mm} - 30.050\text{mm}| = 0.025\text{mm}$

或 $T_h = |ES - EI| = |+0.075\text{mm} - (+0.050\text{mm})| = 0.025\text{mm}$

图1-5是极限与配合的一个示意图,它表明了两个相互结合的孔和轴的基本尺寸、极限尺寸、极限偏差与公差的相互关系。

第一章 极限与配合

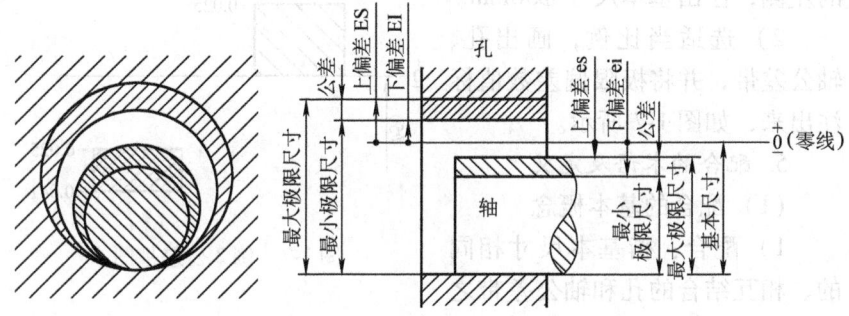

图 1-5 极限与配合示意图

4. 极限与配合图解

由于公差及偏差的数值比基本尺寸小得多,不便于用同一比例表示,为此在实际应用中一般不画出孔和轴的全形,只将公差值按规定放大画出,这种图称为极限与配合图解(简称公差带图),如图 1-6 所示。公差带图由零线和公差带组成。

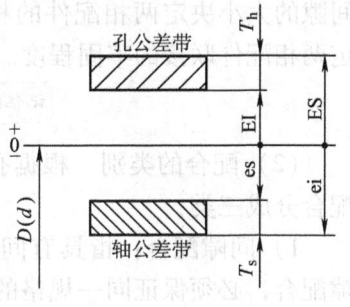

图 1-6 公差带图

(1) 零线 在极限与配合图解中,表示基本尺寸的一条直线,以其为基准确定偏差与公差。通常,公差带图的零线水平放置,正偏差位于零线的上方,负偏差位于零线的下方,零偏差与零线重合。偏差数值以 mm 为单位时可省略标注,而以 μm 为单位时,则必须注明。

(2) 公差带 在公差带图中,由代表上偏差和下偏差或最大极限尺寸和最小极限尺寸的两条直线所限定的一个区域为公差带。公差带由公差带大小和公差带位置两个要素组成,前者由标准公差确定,后者由基本偏差确定。画公差带图时,注意孔、轴公差带剖面线方向和疏密程度。

例 2 画出孔 $\phi 50^{+0.025}_{0}$ mm、轴 $\phi 50^{-0.025}_{-0.041}$ mm 的公差带图。

解 1) 画零线,标注出"0"、"+"、"-",用箭头指向零线的左侧，注出基本尺寸 $\phi 50\text{mm}$。

2）选适当比例，画出孔、轴公差带，并将极限偏差数值标注出来，如图1-7所示。

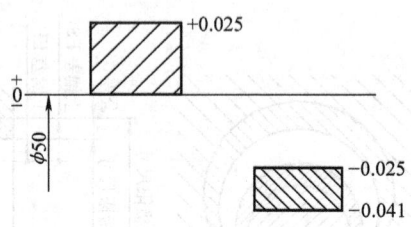

图1-7 例2 公差带图

5．配合的术语及定义

（1）配合的基本概念

1）配合：指基本尺寸相同的、相互结合的孔和轴公差带之间的关系。由于配合是指一批孔、轴的装配关系，而不是指单个孔和单个轴的相配关系，所以用公差带关系来反映配合就比较确切。

2）间隙或过盈：孔的尺寸减去相配合的轴的尺寸所得的代数差，此差值为正时是间隙，用 X 表示，为负时是过盈，用 Y 表示。间隙的大小决定两相配件的相对运动的活动程度，过盈的大小则决定两相配件联接的牢固程度。

> 记住配合有三种类型：间隙配合、过盈配合和过渡配合。

（2）配合的类别　根据孔、轴公差带相对位置关系不同，可把配合分成三类：

1）间隙配合：指具有间隙（包括最小间隙等于零）的配合。间隙配合，必须保证同一规格的一批孔大于或等于相互配合的一批轴。其配合特点是：孔的公差带在轴的公差带之上，如图1-8所示。

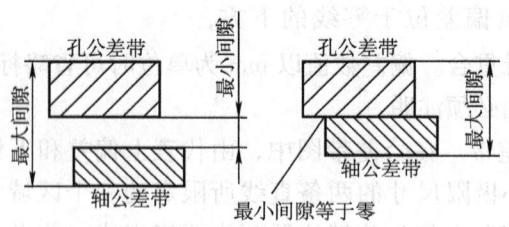

图1-8 间隙配合

最大间隙用 $X_{\max}$ 表示，最小间隙用 $X_{\min}$ 表示。确定最大间隙和最小间隙用下列公式：

$$X_{\max} = D_{\max} - d_{\min} = (D + \text{ES}) - (d + \text{ei}) = \text{ES} - \text{ei}$$

$$X_{\min} = D_{\min} - d_{\max} = (D + \text{EI}) - (d + \text{es}) = \text{EI} - \text{es}$$

最大间隙和最小间隙统称为极限间隙。

例3 试确定孔 $\phi 30^{+0.021}_{0}$ mm 与轴 $\phi 30^{-0.020}_{-0.033}$ mm 配合的极限间隙。

解 $X_{\max} = \text{ES} - \text{ei} = +0.021\text{mm} - (-0.033)\text{mm} = +0.054\text{mm}$

$X_{\min} = \text{EI} - \text{es} = 0\text{mm} - (-0.020)\text{mm} = +0.020\text{mm}$

2）过盈配合：指具有过盈（包括最小过盈等于零）的配合。过盈配合必须保证同一规格的一批孔小于或等于相互配合的一批轴。其配合特点是：孔的公差带在轴的公差带之下，如图1-9所示。

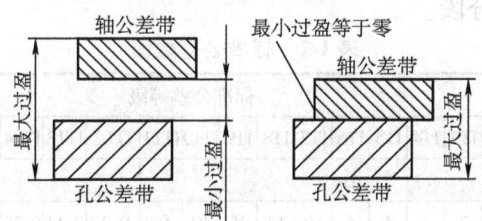

图1-9 过盈配合

最大过盈用 $Y_{\max}$ 表示，最小过盈用 $Y_{\min}$ 表示。确定最大过盈和最小过盈用下列公式：

$$Y_{\max} = D_{\min} - d_{\max} = (D + \text{EI}) - (d + \text{es}) = \text{EI} - \text{es}$$

$$Y_{\min} = D_{\max} - d_{\min} = (D + \text{ES}) - (d + \text{ei}) = \text{ES} - \text{ei}$$

最大过盈和最小过盈统称为极限过盈。

3）过渡配合：指可能具有间隙或过盈的配合。过渡配合中，同一规格的一批孔可能大于、小于或等于相互配合的一批轴。其配合特点是：孔的公差带与轴的公差带相互交叠，如图1-10所示。

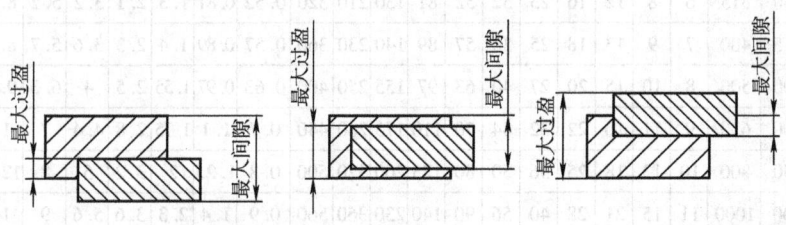

图1-10 过渡配合

过渡配合松紧程度的特征值是最大间隙和最大过盈。计算方法同上。

二、标准公差系列

标准公差(IT)是指标准极限与配合制中表列的,用以确定公差带大小的任一公差。由若干标准公差所组成的系列称为标准公差系列,它以表格的形式列出,称为标准公差数值表(见表1-1和表1-2)。由此表可以看出标准公差的数值大小与两个因素有关:标准公差等级和基本尺寸分段。

表 1-1 标准公差数值

基本尺寸 /mm		标准公差等级																	
		IT1	IT2	IT3	IT4	IT5	IT6	IT7	IT8	IT9	IT10	IT11	IT12	IT13	IT14	IT15	IT16	IT17	IT18
大于	至	μm											mm						
—	3	0.8	1.2	2	3	4	6	10	14	25	40	60	0.1	0.14	0.25	0.4	0.6	1	1.4
3	6	1	1.5	2.5	4	5	8	12	18	30	48	75	0.12	0.18	0.3	0.48	0.75	1.2	1.8
6	10	1	1.5	2.5	4	6	9	15	22	36	58	90	0.15	0.22	0.36	0.58	0.9	1.5	2.2
10	18	1.2	2	3	5	8	11	18	27	43	70	110	0.18	0.27	0.43	0.7	1.1	1.8	2.7
18	30	1.5	2.5	4	6	9	13	21	33	52	84	130	0.21	0.33	0.52	0.84	1.3	2.1	3.3
30	50	1.5	2.5	4	7	11	16	25	39	62	100	160	0.25	0.39	0.62	1	1.6	2.5	3.9
50	80	2	3	5	8	13	19	30	46	74	120	190	0.3	0.46	0.74	1.2	1.9	3	4.6
80	120	2.5	4	6	10	15	22	35	54	87	140	220	0.35	0.54	0.87	1.4	2.2	3.5	5.4
120	180	3.5	5	8	12	18	25	40	63	100	160	250	0.4	0.63	1	1.6	2.5	4	6.3
180	250	4.5	7	10	14	20	29	46	72	115	185	290	0.46	0.72	1.15	1.85	2.9	4.6	7.2
250	315	6	8	12	16	23	32	52	81	130	210	320	0.52	0.81	1.3	2.1	3.2	5.2	8.1
315	400	7	9	13	18	25	36	57	89	140	230	360	0.57	0.89	1.4	2.3	3.6	5.7	8.9
400	500	8	10	15	20	27	40	63	97	155	250	400	0.63	0.97	1.55	2.5	4	6.3	9.7
500	630	9	11	16	22	32	44	70	110	175	280	440	0.7	1.1	1.75	2.8	4.4	7	11
630	800	10	13	18	25	36	50	80	125	200	320	500	0.8	1.25	2	3	5	8	12.5
800	1000	11	15	21	28	40	56	90	140	230	360	560	0.9	1.4	2.3	3.6	5.6	9	14
1000	1250	13	18	24	33	47	66	105	165	260	420	660	1.05	1.65	2.6	4.2	6.6	10.5	16.5

(续)

基本尺寸 /mm		标准公差等级																	
		IT1	IT2	IT3	IT4	IT5	IT6	IT7	IT8	IT9	IT10	IT11	IT12	IT13	IT14	IT15	IT16	IT17	IT18
大于	至	μm											mm						
1250	1600	15	21	29	39	55	78	125	195	310	500	780	1.25	1.95	3.1	5	7.8	12.5	19.5
1600	2000	18	25	35	46	65	92	150	230	370	600	920	1.5	2.3	3.7	6	9.2	15	23
2000	2500	22	30	41	55	78	110	175	280	440	700	1100	1.75	2.8	4.4	7	11	17.5	28
2500	3150	26	36	50	68	96	135	210	330	540	860	1350	2.1	3.3	5.4	8.6	13.5	21	33

注：1. 基本尺寸大于 500mm 的 IT1 至 IT5 的标准公差数值为试行的。
   2. 基本尺寸小于或等于 1mm 时，无 IT14 至 IT18。

表 1-2   IT01 和 IT0 的标准公差数值

基本尺寸/mm		标准公差等级		基本尺寸/mm		标准公差等级	
		IT01	IT0			IT01	IT0
大于	至	公差/μm		大于	至	公差/μm	
—	3	0.3	0.5	80	120	1	1.5
3	6	0.4	0.6	120	180	1.2	2
6	10	0.4	0.6	180	250	2	3
10	18	0.5	0.8	250	315	2.5	4
18	30	0.6	1	315	400	3	5
30	50	0.6	1	400	500	4	6
50	80	0.8	1.2				

1. 标准公差等级

国标规定的标准公差等级有 20 个。

标准公差等级是指确定尺寸精确程度的等级。同一公差等级对所有基本尺寸的一组公差被认为具有同等精确程度。标准公差等级用字母 IT 加阿拉伯数字表示。IT 表示标准公差，阿拉伯数字表示标准公差等级数字。国标在基本尺寸至 500mm 内，规定了 IT01，IT0，IT1…IT18 共 20 个标准公差等级。从 IT01 至 IT18，公差等级依次降低，而相应的标准公差数值依次增大，即 IT01 级精度最高，IT18 级精度最低。

2. 基本尺寸分段

在确定标准公差数值时,每一个基本尺寸,都可计算出一个相应的公差值。但在生产实践中,基本尺寸很多,这样会形成极为庞大的公差数值表,它既不实用,也没必要,反而给生产带来困难。为了减少公差数目,简化表格,便于实现标准化,必须对基本尺寸进行分段,即在同一标准公差等级下,同一尺寸段的所有基本尺寸,规定相同的标准公差值。为此,国家标准规定对基本尺寸至3150mm进行分段,见表1-3。

表1-3 基本尺寸分段　　　　　（单位:mm）

主 段 落		中 间 段 落		主 段 落		中 间 段 落	
大 于	至	大 于	至	大 于	至	大 于	至
—	3	无细分段		400	500	400	450
3	6					450	500
6	10						
10	18	10	14	500	630	500	560
		14	18			560	630
18	30	18	24	630	800	630	710
		24	30			710	800
30	50	30	40	800	1000	800	900
		40	50			900	1000
50	80	50	65	1000	1250	1000	1120
		65	80			1120	1250
80	120	80	100	1250	1600	1250	1400
		100	120			1400	1600
120	180	120	140	1600	2000	1600	1800
		140	160			1800	2000
		160	180				
180	250	180	200	2000	2500	2000	2240
		200	225			2240	2500
		225	250				
250	315	250	280	2500	3150	2500	2800
		280	315			2800	3150
315	400	315	355				
		355	400				

三、基本偏差系列

基本偏差是指标准极限与配合制中用来确定公差带相对零线位置的那个极限偏差。它可以是上偏差或下偏差，一般指靠近零线的那个偏差。当公差带在零线以上时，其基本偏差为下偏差；当公差带在零线以下时，基本偏差为上偏差，如图 1-11 所示。基本偏差是决定公差带位置的参数。为了公差带位置的标准化，满足孔和轴配合松紧程度的不同要求，国标规定孔和轴各有 28 个基本偏差，见图 1-12。这些不同的标准化了的基本偏差便构成了基本偏差系列。

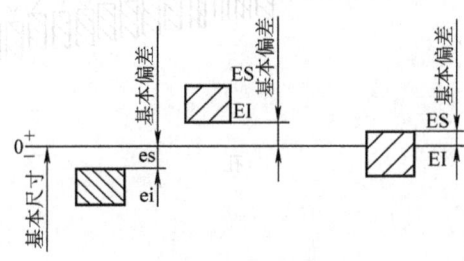

图 1-11 基本偏差

基本偏差代号用拉丁字母表示。大写字母表示孔，小写字母表示轴。其中 JS 和 js 完全对称于零线，H 和 h 的基本偏差均为零，即 H 的下偏差 $EI=0$，h 的上偏差 $es=0$。轴的基本偏差数值见表 1-4，孔的基本偏差数值见表 1-5。

根据基本尺寸、基本偏差代号和标准公差等级便可查表得到基本偏差数值。在图 1-12 中，只给出了靠近零线的那个极限偏差，即只画出了公差带属于基本偏差一端的极限偏差，其数值的大小可以从表 1-4 或表 1-5 中查得，而另一端在基本偏差系列图上是"开口"的，这说明基本偏差是用来确定公差带相对零线位置的要素。基本偏差和标准公差确定后，孔和轴的另一偏差的大小就可以通过计算得到，计算公式为

$$\text{孔} \quad EI = ES - IT \quad \text{或} \quad ES = EI + IT$$
$$\text{轴} \quad ei = es - IT \quad \text{或} \quad es = ei + IT$$

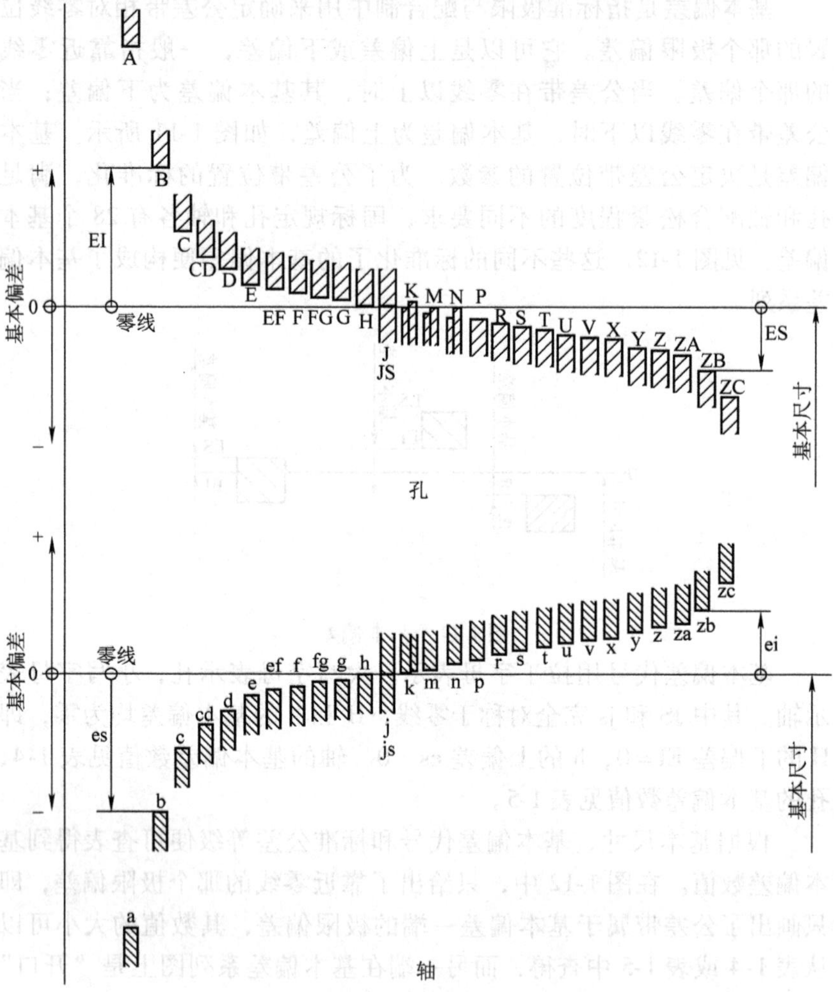

图 1-12　基本偏差系列

表 1-4 轴的基本偏差数值 (单位：μm)

基本尺寸/mm		基本偏差数值																
		上偏差 (es)												下偏差 (ei)				
		所有公差等级												j			k	
大于	至	a	b	c	cd	d	e	ef	f	fg	g	h	js	5和6	7	8	4至7	≤3 >7
—	3	-270	-140	-60	-34	-20	-14	-10	-6	-4	-2	0	偏差 = ±$\frac{IT_n}{2}$，式中 IT_n 是 IT 数值	-2	-4	-6	0	0
3	6	-270	-140	-70	-46	-30	-20	-14	-10	-6	-4	0		-2	-4		+1	0
6	10	-280	-150	-80	-56	-40	-25	-18	-13	-8	-5	0		-2	-5		+1	0
10	14	-290	-150	-95		-50	-32		-16		-6	0		-3	-6		+1	0
14	18	-290	-150	-95		-50	-32		-16		-6	0		-3	-6		+1	0
18	24	-300	-160	-110		-65	-40		-20		-7	0		-4	-8		+2	0
24	30	-300	-160	-110		-65	-40		-20		-7	0		-4	-8		+2	0
30	40	-310	-170	-120		-80	-50		-25		-9	0		-5	-10		+2	0
40	50	-320	-180	-130		-80	-50		-25		-9	0		-5	-10		+2	0
50	65	-340	-190	-140		-100	-60		-30		-10	0		-7	-12		+2	0
65	80	-360	-200	-150		-100	-60		-30		-10	0		-7	-12		+2	0
80	100	-380	-220	-170		-120	-72		-36		-12	0		-9	-15		+3	0
100	120	-410	-240	-180		-120	-72		-36		-12	0		-9	-15		+3	0

(续)

基本尺寸/mm		基本偏差数值																
		上偏差(es)													下偏差(ei)			
		所有公差等级													5和6	7	8	4至7	≤3 >7
大于	至	a	b	c	cd	d	e	ef	f	fg	g	h	js	j			k	
120	140	−460	−260	−200		−145	−85		−43		−14	0	偏差 $=\pm\dfrac{IT_n}{2}$, 式中 IT_n 是 IT 数值	−11	−18		+3	0
140	160	−520	−280	−210														
160	180	−580	−310	−230														
180	200	−660	−340	−240		−170	−100		−50		−15	0		−13	−21		+4	0
200	225	−740	−380	−260														
225	250	−820	−420	−280														
250	280	−920	−480	−300		−190	−110		−56		−17	0		−16	−26		+4	0
280	315	−1050	−540	−330														
315	355	−1200	−600	−360		−210	−125		−62		−18	0		−18	−28		+4	0
355	400	−1350	−680	−400														
400	450	−1500	−760	−440		−230	−135		−68		−20	0		−20	−32		+5	0
450	500	−1650	−840	−480														
500	560					−260	−145		−76		−22	0					0	0
560	630																	

（续）

基本尺寸/mm		基本偏差数值															
		上偏差（es）											下偏差（ei）				
		所有公差等级											j			k	
													5和6	7	8	4至7	≤3 >7
大于	至	a	b	c	cd	d	e	ef	f	fg	g	h	js				
630	710					-290	-160		-80		-24	0	偏差 = ± $\frac{IT_n}{2}$，式中 IT_n 是 IT 数值			0	0
710	800					-290	-160		-80		-24	0				0	0
800	900					-320	-170		-86		-26	0				0	0
900	1000					-320	-170		-86		-26	0				0	0
1000	1120					-350	-195		-98		-28	0				0	0
1120	1250					-350	-195		-98		-28	0				0	0
1250	1400					-390	-220		-110		-30	0				0	0
1400	1600					-390	-220		-110		-30	0				0	0
1600	1800					-430	-240		-120		-32	0				0	0
1800	2000					-430	-240		-120		-32	0				0	0
2000	2240					-480	-260		-130		-34	0				0	0
2240	2500					-480	-260		-130		-34	0				0	0
2500	2800					-520	-290		-145		-38	0				0	0
2800	3150					-520	-290		-145		-38	0				0	0

(续)

基本尺寸/mm		基本偏差数值 下偏差(ei) 所有公差等级													
大于	至	m	n	p	r	s	t	u	v	x	y	z	za	zb	zc
—	3	+2	+4	+6	+10	+14		+18		+20		+26	+32	+40	+60
3	6	+4	+8	+12	+15	+19		+23		+28		+35	+42	+50	+80
6	10	+6	+10	+15	+19	+23		+28		+34		+42	+52	+67	+97
10	14	+7	+12	+18	+23	+28		+33	+39	+40		+50	+64	+90	+130
14	18	+7	+12	+18	+23	+28		+33	+39	+45		+60	+77	+108	+150
18	24	+8	+15	+22	+28	+35		+41	+47	+54	+63	+73	+98	+136	+188
24	30	+8	+15	+22	+28	+35	+41	+48	+55	+64	+75	+88	+118	+160	+218
30	40	+9	+17	+26	+34	+43	+48	+60	+68	+80	+94	+112	+148	+200	+274
40	50	+9	+17	+26	+34	+43	+54	+70	+81	+97	+114	+136	+180	+242	+325
50	65	+11	+20	+32	+41	+53	+66	+87	+102	+122	+144	+172	+226	+300	+405
65	80	+11	+20	+32	+43	+59	+75	+102	+120	+146	+174	+210	+274	+360	+480
80	100	+13	+23	+37	+51	+71	+91	+124	+146	+178	+214	+258	+335	+445	+585
100	120	+13	+23	+37	+54	+79	+104	+144	+172	+210	+254	+310	+400	+525	+690
120	140	+15	+27	+43	+63	+92	+122	+170	+202	+248	+300	+365	+470	+620	+800
140	160	+15	+27	+43	+65	+100	+134	+190	+228	+280	+340	+415	+535	+700	+900
160	180	+15	+27	+43	+68	+108	+146	+210	+252	+310	+380	+465	+600	+780	+1000

(续)

基本尺寸 /mm		基本偏差数值 下偏差(ei) 所有公差等级													
大于	至	m	n	p	r	s	t	u	v	x	y	z	za	zb	zc
180	200	+17	+31	+50	+77	+122	+166	+236	+284	+350	+425	+520	+670	+880	+1150
200	225				+80	+130	+180	+258	+310	+385	+470	+575	+740	+960	+1250
225	250				+84	+140	+196	+284	+340	+425	+520	+640	+820	+1050	+1350
250	280	+20	+34	+56	+94	+158	+218	+315	+385	+475	+580	+710	+920	+1200	+1550
280	315				+98	+170	+240	+350	+425	+525	+650	+790	+1000	+1300	+1700
315	355	+21	+37	+62	+108	+190	+268	+390	+475	+590	+730	+900	+1150	+1500	+1900
355	400				+114	+208	+294	+435	+530	+660	+820	+1000	+1300	+1650	+2100
400	450	+23	+40	+68	+126	+232	+330	+490	+595	+740	+920	+1100	+1450	+1850	+2400
450	500				+132	+252	+360	+540	+660	+820	+1000	+1250	+1600	+2100	+2600
500	560	+26	+44	+78	+150	+280	+400	+600							
560	630				+155	+310	+450	+660							
630	710	+30	+50	+88	+175	+340	+500	+740							
710	800				+185	+380	+560	+840							

(续)

基本尺寸 /mm		基本偏差数值													
		下偏差(ei)													
		所有公差等级													
大于	至	m	n	p	r	s	t	u	v	x	y	z	za	zb	zc
800	900	+34	+56	+100	+210	+430	+620	+940							
900	1000	+34	+56	+100	+220	+470	+680	+1050							
1000	1120	+40	+66	+120	+250	+520	+780	+1150							
1120	1250	+40	+66	+120	+260	+580	+840	+1300							
1250	1400	+48	+78	+140	+300	+640	+960	+1450							
1400	1600	+48	+78	+140	+330	+720	+1050	+1600							
1600	1800	+58	+92	+170	+370	+820	+1200	+1850							
1800	2000	+58	+92	+170	+400	+920	+1350	+2000							
2000	2240	+68	+110	+195	+440	+1000	+1500	+2300							
2240	2500	+68	+110	+195	+460	+1100	+1650	+2500							
2500	2800	+76	+135	+240	+550	+1250	+1900	+2900							
2800	3150	+76	+135	+240	+580	+1400	+2100	+3200							

注：1. 基本尺寸小于或等于1mm时，基本偏差 a 和 b 均不采用。

2. 公差带 js7 至 js11，若 IT_n 数值是奇数，则取偏差 $= \pm \dfrac{IT_n - 1}{2}$。

第一章 极限与配合

表 1-5 孔的基本偏差数值

(单位：μm)

基本尺寸/mm		基本偏差数值																			
		下偏差(EI)												上偏差(ES)							
		所有公差等级											JS	6	7	8	≤8	>8	≤8	>8	≤8	>8
		A	B	C	CD	D	E	EF	F	FG	G	H		J	J	J	K	K	M	M	N	N
大于	至																					
—	3	+270	+140	+60	+34	+20	+14	+10	+6	+4	+2	0	偏差=±$\frac{IT_n}{2}$，式中IT_n是IT值	+2	+4	+6	0	0	−2	−2	−4	−4
3	6	+270	+140	+70	+46	+30	+20	+14	+10	+6	+4	0		+5	+6	+10	−1+Δ		−4+Δ	−4	−8+Δ	0
6	10	+280	+150	+80	+56	+40	+25	+18	+13	+8	+5	0		+5	+8	+12	−1+Δ		−6+Δ	−6	−10+Δ	0
10	14	+290	+150	+95		+50	+32		+16		+6	0		+6	+10	+15	−1+Δ		−7+Δ	−7	−12+Δ	0
14	18	+290	+150	+95		+50	+32		+16		+6	0		+6	+10	+15	−1+Δ		−7+Δ	−7	−12+Δ	0
18	24	+300	+160	+110		+65	+40		+20		+7	0		+8	+12	+20	−2+Δ		−8+Δ	−8	−15+Δ	0
24	30	+300	+160	+110		+65	+40		+20		+7	0		+8	+12	+20	−2+Δ		−8+Δ	−8	−15+Δ	0
30	40	+310	+170	+120		+80	+50		+25		+9	0		+10	+14	+24	−2+Δ		−9+Δ	−9	−17+Δ	0
40	50	+320	+180	+130		+80	+50		+25		+9	0		+10	+14	+24	−2+Δ		−9+Δ	−9	−17+Δ	0
50	65	+340	+190	+140		+100	+60		+30		+10	0		+13	+18	+28	−2+Δ		−11+Δ	−11	−20+Δ	0
65	80	+360	+200	+150		+100	+60		+30		+10	0		+13	+18	+28	−2+Δ		−11+Δ	−11	−20+Δ	0
80	100	+380	+220	+170		+120	+72		+36		+12	0		+16	+22	+34	−3+Δ		−13+Δ	−13	−23+Δ	0
100	120	+410	+240	+180		+120	+72		+36		+12	0		+16	+22	+34	−3+Δ		−13+Δ	−13	−23+Δ	0

(续)

基本偏差数值

基本尺寸 /mm 大于	至	下偏差(EI) 所有公差等级 A	B	C	CD	D	E	EF	F	FG	G	H	JS	J 6	J 7	J 8	上偏差(ES) K ≤8	K >8	M ≤8	M >8	N ≤8	N >8
120	140	+460	+260	+200		+145	+85		+43		+14	0	偏差 = $\pm\frac{IT_n}{2}$，式中 IT_n 是 IT 值	+18	+26	+41	−3+Δ	Δ	−15+Δ	−15	−27+Δ	0
140	160	+520	+280	+210																		
160	180	+580	+310	+230		+170	+100		+50		+15	0		+22	+30	+47	−4+Δ	Δ	−17+Δ	−17	−31+Δ	0
180	200	+660	+340	+240																		
200	225	+740	+380	+260		+190	+110		+56		+17	0		+25	+36	+55	−4+Δ	Δ	−20+Δ	−20	−34+Δ	0
225	250	+820	+420	+280																		
250	280	+920	+480	+300		+210	+125		+62		+18	0		+29	+39	+60	−4+Δ	Δ	−21+Δ	−21	−37+Δ	0
280	315	+1050	+540	+330																		
315	355	+1200	+600	+360		+230	+135		+68		+20	0		+33	+43	+66	−5+Δ	Δ	−23+Δ	−23	−40+Δ	0
355	400	+1350	+680	+400																		
400	450	+1500	+760	+440		+260	+145		+76		+22	0					0		−26	−26	−44	
450	500	+1650	+840	+480																		
500	560																					
560	630																					

第一章 极限与配合

(续)

基本尺寸 /mm		基本偏差数值																		
		下偏差(EI)											上偏差(ES)							
		所有公差等级																		
大于	至	A	B	C	CD	D	E	EF	F	FG	G	H	JS	J			K		M		N
														6	7	8	≤8	>8	≤8	>8	≤8	>8
630	710					+290	+160		+80		+24	0	偏差=±$\frac{IT_n}{2}$，式中 IT_n 是 IT 等级值				0		-30		-50	
710	800					+320	+170		+86		+26	0					0		-34		-56	
800	900					+350	+195		+98		+28	0					0		-40		-66	
900	1000																					
1000	1120					+390	+220		+110		+30	0					0		-48		-78	
1120	1250																					
1250	1400					+430	+240		+120		+32	0					0		-58		-92	
1400	1600																					
1600	1800					+480	+260		+130		+34	0					0		-68		-110	
1800	2000																					
2000	2240					+520	+290		+145		+38	0					0		-76		-135	
2240	2500																					
2500	2800																					
2800	3150																					

（续）

基本尺寸/mm		基本偏差数值 上偏差(ES)													Δ值 公差等级					
		≤7	公差等级大于7级																	
大于	至	P至ZC	P	R	S	T	U	V	X	Y	Z	ZA	ZB	ZC	3	4	5	6	7	8
—	3	在大于7的相应数值上增加一个Δ值	−6	−10	−14		−18		−20		−26	−32	−40	−60	0	0	0	0	0	0
3	6		−12	−15	−19		−23		−28		−35	−42	−50	−80	1	1.5	1	3	4	6
6	10		−15	−19	−23		−28		−34		−42	−52	−67	−97	1	1.5	2	3	6	7
10	14		−18	−23	−28		−33		−40		−50	−64	−90	−130	1	2	3	3	7	9
14	18		−18	−23	−28		−33	−39	−45		−60	−77	−108	−150	1	2	3	3	7	9
18	24		−22	−28	−35		−41	−47	−54	−63	−73	−98	−136	−188	1.5	2	3	4	8	12
24	30		−22	−28	−35	−41	−48	−55	−64	−75	−88	−118	−160	−218	1.5	2	3	4	8	12
30	40		−26	−34	−43	−48	−60	−68	−80	−94	−112	−148	−200	−274	1.5	3	4	5	9	14
40	50		−26	−34	−43	−54	−70	−81	−97	−114	−136	−180	−242	−325	1.5	3	4	5	9	14
50	65		−32	−41	−53	−66	−87	−102	−122	−144	−172	−226	−300	−405	2	3	5	6	11	16
65	80		−32	−43	−59	−75	−102	−120	−146	−174	−210	−274	−360	−480	2	3	5	6	11	16
80	100		−37	−51	−71	−91	−124	−146	−178	−214	−258	−335	−445	−585	2	4	5	7	13	19
100	120		−37	−54	−79	−104	−144	−172	−210	−254	−310	−400	−525	−690	2	4	5	7	13	19
120	140		−43	−63	−92	−122	−170	−202	−248	−300	−365	−470	−620	−800	3	4	6	7	15	23
140	160		−43	−65	−100	−134	−190	−228	−280	−340	−415	−535	−700	−900	3	4	6	7	15	23
160	180		−43	−68	−108	−146	−210	−252	−310	−380	−465	−600	−780	−1000	3	4	6	7	15	23

第一章 极限与配合

（续）

基本尺寸/mm		基本偏差数值											Δ值						
		上偏差（ES）											公差等级						
		≤7	公差等级大于7级																
大于	至	P至ZC	P	R	S	T	U	V	X	Y	Z	ZA	ZB	ZC	3	4	5	6	7	8
180	200	在大于7的相应数值上增加一个Δ值	−50	−77	−122	−166	−236	−284	−350	−425	−520	−670	−880	−1150	3	4	6	9	17	26
200	225			−80	−130	−180	−258	−310	−385	−470	−575	−740	−960	−1250						
225	250			−84	−140	−196	−284	−340	−425	−520	−640	−820	−1050	−1350						
250	280		−56	−94	−158	−218	−315	−385	−475	−580	−710	−920	−1200	−1550	4	4	7	9	20	29
280	315			−98	−170	−240	−350	−425	−525	−650	−790	−1000	−1300	−1700						
315	355		−62	−108	−190	−268	−390	−475	−590	−730	−900	−1150	−1500	−1900	4	5	7	11	21	32
355	400			−114	−208	−294	−435	−530	−660	−820	−1000	−1300	−1650	−2100						
400	450		−68	−126	−232	−330	−490	−595	−740	−920	−1100	−1450	−1850	−2400	5	5	7	13	23	34
450	500			−132	−252	−360	−540	−660	−820	−1000	−1250	−1600	−2100	−2600						
500	560		−78	−150	−280	−400	−600													
560	630			−155	−310	−450	−660													
630	710		−88	−175	−340	−500	−740													
710	800			−185	−380	−560	−840													
800	900		−100	−210	−430	−620	−940													
900	1000			−220	−470	−680	−1050													

（续）

基本尺寸/mm		基本偏差数值 上偏差(ES)													Δ值 公差等级					
		≤7	公差等级大于7级																	
大于	至	P至ZC	P	R	S	T	U	V	X	Y	Z	ZA	ZB	ZC	3	4	5	6	7	8
1000	1120	在大于7的相应数值上增加一个Δ值	-120	-250	-520	-780	-1150													
1120	1250			-260	-580	-840	-1300													
1250	1400		-140	-300	-640	-960	-1450													
1400	1600			-330	-720	-1050	-1600													
1600	1800		-170	-370	-820	-1200	-1850													
1800	2000			-400	-920	-1350	-2000													
2000	2240		-195	-440	-1000	-1500	-2300													
2240	2500			-460	-1100	-1650	-2500													
2500	2800		-240	-550	-1250	-1900	-2900													
2800	3150			-580	-1400	-2100	-3200													

注：1. 基本尺寸小于或等于1mm时，基本偏差A和B及大于IT8的N均不采用。

2. 公差带JS7至JS11，若IT_n数值是奇数，则取偏差$= \pm \dfrac{IT_n - 1}{2}$。

3. 对小于或等于IT8的K、M、N和小于或等于IT7的P～ZC，所需Δ值从表内右侧选取。
例如：18～30mm段的K7：Δ=8μm，所以ES=-2μm+8μm=+6μm
18～30mm段的S6：Δ=4μm，所以ES=-35μm+4μm=-31μm

4. 特殊情况：>250～315mm段的M6，ES=-9μm(代替-11μm)。

> 配合制有两种:基孔制和基轴制。

四、配合制(基准制)

配合性质是由孔、轴公差带的相对位置决定的,因而改变孔和(或)轴的公差带位置,就可以得到不同性质的配合。从理论上讲任何一种孔的公差带和任何一种轴的公差带都可以形成一种配合,但实际上并不需同时变动孔、轴的公差带,只要固定一个,改变另一个,便既可满足不同使用性能要求的配合,又便于加工和刀具、量具的配备。因此国家标准规定了两种配合制度,即基孔制和基轴制。

1. 基孔制

> 基孔制的代号是H。

基孔制是指基本偏差为一定的孔的公差带,与不同基本偏差的轴的公差带形成各种配合的一种制度。基孔制配合的孔称为基准孔,用 H 表示,孔公差带在零线之上,且下偏差 EI=0,如图1-13 所示。

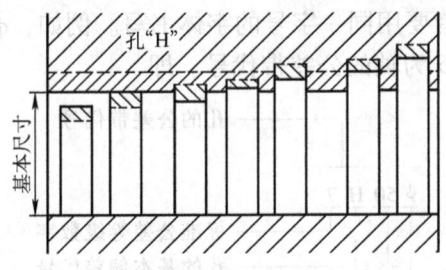

图 1-13 基孔制

显然,基准孔 H 与基本偏差为 a~h 的轴形成间隙配合;与基本偏差为 js~n 的轴一般形成过渡配合;与基本偏差为 p~zc 的轴一般形成过盈配合。

2. 基轴制

> 基轴制的代号是h。

基轴制是指基本偏差为一定的轴的公差带,与不同基本偏差的孔的公差带形成各种配合的一种制度。基轴制配合的轴称为基准轴,用 h 表示,轴公差带在零线之下,且上偏差 es=0,如图1-14 所示。

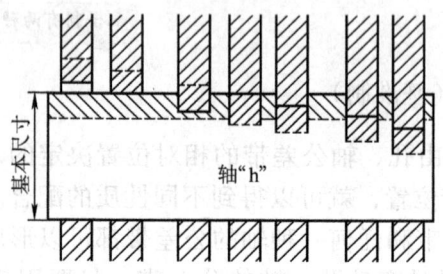

图 1-14 基轴制

同理,基准轴 h 与基本偏差为 A~H 的孔形成间隙配合;与基本偏差为 JS~N 的孔一般形成过渡配合;与基本偏差为 P~ZC 的孔一般形成过盈配合。

五、公差带和配合的表示

1. 公差带的表示

公差带用基本偏差代号(位置要素)和标准公差等级数字(大小要素)表示,两者要用同一字号的字体书写。例如,φ50H7 为孔的公差带代号;φ60f6 为轴的公差带代号。即

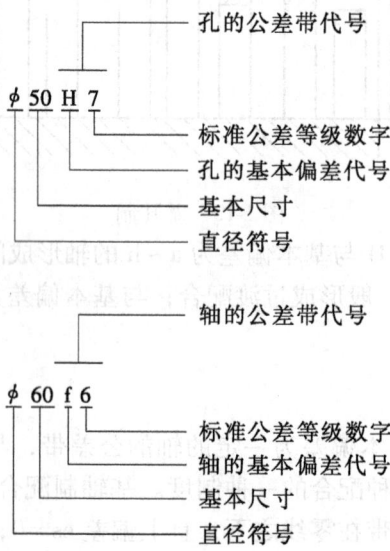

2. 配合的表示

配合用孔和轴公差带代号的组合来表示，写成分数形式，分子为孔的公差带代号，分母为轴的公差带代号，如 φ50H8/f7 或 φ50 $\dfrac{H8}{f7}$。

公差带代号和配合代号的含义，见表1-6。

表1-6 公差带代号和配合代号的含义

序号	实例	表示意义
1	φ30F8	基本尺寸φ30mm，公差等级8级，基本偏差是F的基轴制间隙配合的孔
2	φ40H4	① 基本尺寸φ40mm，公差等级4级，基本偏差是H的基孔制的基准孔 ② 基本尺寸φ40mm，公差等级4级，基本偏差是H的基轴制间隙配合的孔
3	φ60T6	基本尺寸φ60mm，公差等级6级，基本偏差是T的基轴制过盈配合的孔
4	φ25u5	基本尺寸φ25mm，公差等级5级，基本偏差是u的基孔制过盈配合的轴
5	φ50b13	基本尺寸φ50mm，公差等级13级，基本偏差是b的基孔制间隙配合的轴
6	φ30h9	① 基本尺寸φ30mm，公差等级9级，基本偏差是h的基轴制的基准轴 ② 基本尺寸φ30mm，公差等级9级，基本偏差是h的基孔制间隙配合的轴
7	φ25 $\dfrac{H8}{h7}$	① 基本尺寸φ25mm，基孔制(分子是H)，公差等级孔是8级、轴是7级，基本偏差孔是H、轴是h的间隙配合 ② 基本尺寸φ25mm，基轴制(分母是h)，公差等级孔是8级、轴是7级，基本偏差孔是H、轴是h的间隙配合 ③ 基本尺寸φ25mm，公差等级孔是8级、轴是7级，基本偏差孔是H、轴是h的基准件配合(间隙配合)
8	φ35 $\dfrac{H7}{p6}$	基本尺寸φ35mm，基孔制(分子是H)，公差等级孔是7级、轴是6级，基本偏差孔是H、轴是p的过盈配合
9	φ45 $\dfrac{K7}{h6}$	基本尺寸φ45mm，基轴制(分母是h)，公差等级孔是7级、轴是6级，基本偏差孔是K、轴是h的过渡配合

六、一般公差——线性尺寸的未注公差

1. 一般公差的概念

一般公差是指在车间一般加工条件下可保证的公差。在正常维护和操作的条件下,它代表经济加工精度。采用一般公差的尺寸,在该尺寸后不注出极限偏差(或公差),并且在正常条件下可不进行检验。这样有利于简化制图,使图面清晰,并突出重要的、有公差要求的尺寸,以便在加工和检验时引起对重要尺寸的重视。

2. 一般公差的应用

一般公差主要用于非配合尺寸,以及由工艺方法来保证的尺寸。例如,冲压件和铸件的尺寸由模具保证。

3. 一般公差的规定

国家标准规定了线性尺寸的一般公差等级和极限偏差。一般公差等级分为四级,即:f(精密级)、m(中等级)、c(粗糙级)、v(最粗级)。线性尺寸的极限偏差数值见表1-7,倒圆半径与倒角高度尺寸的极限偏差数值见表1-8。

表1-7 线性尺寸的极限偏差数值 (单位:mm)

公差等级	尺寸分段							
	0.5~3	>3~6	>6~30	>30~120	>120~400	>400~1000	>1000~2000	>2000~4000
f(精密级)	±0.05	±0.05	±0.1	±0.15	±0.2	±0.3	±0.5	—
m(中等级)	±0.1	±0.1	±0.2	±0.3	±0.5	±0.8	±1.2	±2
c(粗糙级)	±0.2	±0.3	±0.5	±0.8	±1.2	±2	±3	±4
v(最粗级)	—	±0.5	±1	±1.5	±2.5	±4	±6	±8

表1-8 倒圆半径与倒角高度尺寸的极限偏差数值

(单位:mm)

公差等级	尺寸分段			
	0.5~3	>3~6	>6~30	>30
f(精密度)	±0.2	±0.5	±1	±2
m(中等级)				

（续）

公差等级	尺寸分段			
	0.5~3	>3~6	>6~30	>30
c（粗糙级）	±0.4	±1	±2	±4
v（最粗级）				

注：倒圆半径与倒角高度的含义参见国家标准 GB/T 6403.4—1986《零件倒圆与倒角》。

4. 一般公差的标注

在规定图样上的一般公差时，应考虑车间的一般加工精度来选取本标准规定的公差等级。一般公差在图样上、技术文件里或相应的标准中用标准号和公差等级代号表示。例如，选用中等级时，表示为 GB/T 1804—m。

第三节 极限与配合的选择

在产品设计时，选用极限与配合是必不可少的重要环节，也是确保产品质量、性能、互换性和经济效益的一项极其重要的工作。选用时主要解决三个问题，即确定基准制、公差等级和配合种类。

一、基准制的选用

> 基准制的选用原则相当重要！

1. 一般情况下，优先采用基孔制

采用基孔制配合可以减少备用定值刀具、量具的规格和数量，减少加工与测量孔的调整工作量，降低生产成本，提高加工的经济效益。

2. 某些情况下应当选用基轴制

直接采用冷拉钢材做轴时，若其本身精度已能满足设计要求，可以无需再切削加工，宜采用基轴制，这样可获得明显的经济效益；有些零件由于结构或工艺上的原因，也必须采用基轴制。

3. 与标准件配合时，应依据标准件确定基准制

当设计的零件与标准件相配合时，基准制的选择应依标准件而定。例如，滚动轴承内圈与轴的配合采用基孔制，而滚动轴承外圈与孔的配合采用基轴制。

4. 特殊需要时可选用非基准制配合（混合配合）

为了满足配合的特殊要求，允许采用任一孔、轴的公差带组成配合。

二、公差等级的选用

公差等级的高低直接影响产品使用性能和加工的经济性。公差等级过低，产品质量得不到保证；公差等级过高，将使制造成本增加。所以，必须综合考虑使用性能、制造工艺和成本之间的关系，正确合理地确定公差等级。选用公差等级的原则，是在满足零件使用要求的前提下，尽量选用低的公差等级。

> 选用公差等级的原则十分重要。

公差等级一般主要采用类比法确定，即参考经过实践证明为合理的类似产品上相应尺寸的公差，来确定孔、轴的公差等级。表1-9为各种加工方法可能达到的公差等级，表1-10为标准公差等级的主要应用范围。

表1-9　各种加工方法可能达到的公差等级

加 工 方 法	标准公差等级	加 工 方 法	标准公差等级
研磨	IT01 ~ IT5	车	IT7 ~ IT11
珩磨	IT4 ~ IT7	镗	IT7 ~ IT11
外圆磨	IT5 ~ IT8	铣	IT8 ~ IT11
平面磨	IT5 ~ IT8	刨、插	IT10 ~ IT11
金刚石车	IT5 ~ IT7	钻	IT10 ~ IT13
金刚石镗	IT5 ~ IT7	滚压	IT10 ~ IT11
拉削	IT5 ~ IT8	挤压	IT10 ~ IT11
铰孔	IT6 ~ IT10	冲压	IT10 ~ IT14

表 1-10 标准公差等级的主要应用范围

标准公差等级	主要应用范围
IT01、IT0、IT1	一般用于精密标准量块。IT1 也用于检验 IT6、IT7 级轴用量规的校对量规
IT2	用于检验工件 IT5～IT16 的量规的尺寸偏差
IT3～IT5(孔的 IT6)	用于精密要求很高的重要配合,例如机床主轴与精密轴承的配合;配合公差很小
IT6(孔的 IT7)	用于机床和发动机中的重要配合。例如机床机构中的齿轮孔与轴的配合;配合公差较小,一般精密加工能够实现
IT7、IT8	用于机床和发动机中的次要配合,也用于重要机械、农业机械、纺织机械、机车车辆等的重要配合。例如机床上操纵杆的支承配合;发动机中活塞环与活塞槽的配合;配合公差中等,加工易于实现
IT9、IT10	用于一般要求,或长度精度要求较高的配合。某些非配合尺寸的特殊要求,例如飞机机身的外壳尺寸,由于重量限制,要求达到 IT9 或 IT10
IT11、IT12	用于没有严格要求,而仅要求便于联接的配合。例如螺栓和螺孔的配合
IT12～IT18	用于未注公差的尺寸和粗加工的工序尺寸,例如手柄的直径,壳体的外形、壁厚尺寸、端面之间的距离

用类比法选择标准公差等级时,还应考虑以下问题:

1. 既实用又经济

在满足使用要求的条件下,尽可能选用较低的公差等级,这样可以取得较好的综合经济效益。

2. 工艺等价

工艺等价是指相配合的孔、轴加工难易程度相当。对于基本尺寸小于或等于 500mm 的较高公差等级的配合,由于孔比同级轴的加工成本高,所以当标准公差小于或等于 IT8 时,国标推荐孔比轴采用低一级的配合;但对基本尺寸小于或等于 500mm、标准公差大于 IT8 的,或基本尺寸大于 500mm 的配合,孔、轴加工难易程度相当,故取同级配合。

3. 与相配零件的精度相适应

例如，与齿轮孔配合的轴的公差等级要与齿轮相适应；与滚动轴承配合的轴颈或壳体孔的公差等级，应与滚动轴承的精度相当。

三、配合的选择

确定了基准制之后，选择配合就是根据使用要求确定配合的类别和配合的松紧程度。

1. 配合类别的选用

在机械设计中选用哪类配合，主要决定于使用要求。若工作时孔、轴间有相对运动或虽无相对运动却要求装拆方便，应选用间隙配合；若要求传递足够大的转矩，且又不要求拆卸，一般应选用过盈配合；若需要孔、轴准确定心，且装拆比较方便，则应选用过渡配合。

2. 基本偏差代号的确定

确定了配合类别后，再进一步确定配合的松紧程度，即确定与基准件配合的轴或孔的基本偏差代号。常用的确定方法有计算法、试验法和类比法，而类比法是生产中应用最广泛的一种简便方法。此外，还应根据工作条件的要求，首先从标准规定的优先配合中选用，不能满足要求时，再从常用配合中选用；若上述优先配合和常用配合不能满足要求时，可选用一般用途的孔、轴公差带组成所需要的配合；若仍不能满足要求时，还可以根据国标对标准公差系列和基本偏差系列的规定，组成孔、轴公差带，以获得满足特殊使用要求的配合。

第四节 极限与配合的标注

一、零件图上的标注方法

尺寸公差的标注方法有三种形式：

1. 只注极限偏差数值，不注公差带代号

这种标注法在工厂的实际生产图样中比较常见，如 $\phi 20^{-0.014}_{-0.035}$ mm，

$\phi 30^{+0.033}_{0}$ mm 等。

2. 只注公差带代号，不注具体极限偏差数值

这种标注法一般采用专用量具（如塞规、卡规等）检验，以适应大批量生产的需要，因此不需标注极限偏差数值，如 $\phi 18F8$、$\phi 50h7$ 等。

3. 同时标注公差带代号和极限偏差数值

这种标注法一般适用于产量不定的情况，它既便于专用量具检验，又便于通用量具检测，此时极限偏差应加上圆括弧，如 $\phi 50H8$ ($^{+0.039}_{0}$)、$\phi 50f7$ ($^{-0.025}_{-0.050}$) 等。

二、装配图上的标注方法

1. 基孔制的标注

在图 1-15 中，衬套外表面与基座孔的配合为过渡配合 $\phi 70H7/m6$，衬套内表面与轴的配合为间隙配合 $\phi 60H7/f6$。

2. 基轴制的标注

在图 1-16 中，活塞销与活塞上的孔相对静止，配合要求紧些，用过渡配合 $\phi 30M6/h5$；活塞销与连杆孔需要有小角度的相对移动，用间隙小些的间隙配合 $\phi 30G6/h5$。如果采用基孔制，活塞销就需加工成阶梯轴（图1-16b）既不利于加工也不利于装配，所以采用基轴制较为合理。

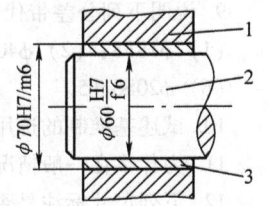

图 1-15 基孔制的标注
1—基座 2—轴 3—衬套

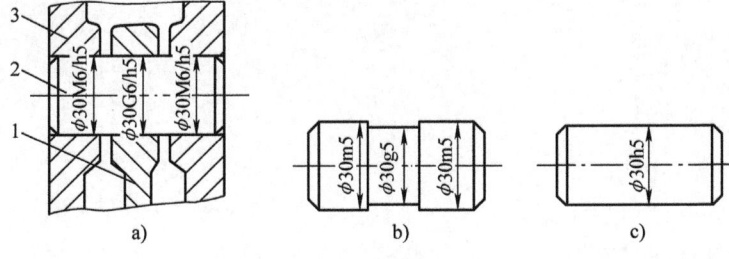

图 1-16 基轴制的标注
1—连杆 2—活塞销 3—活塞

复习思考题

1. 什么是极限尺寸？其作用是什么？
2. 什么是偏差？它是如何分类的？
3. 极限偏差在图样上应如何正确标注？
4. 什么是公差？如何计算？它和偏差的主要区别是什么？
5. 配合有哪几种性质？各是如何定义的？其公差带特点（配合特点）是什么？
6. 标准公差数值大小与哪些因素有关？
7. 标准公差等级是用什么代号表示的？国标规定了多少个等级？是如何排列的？哪级精度最高？哪级精度最低？
8. 基准制有哪两种？各是如何定义的？其代号各是什么？
9. 说明下列公差带代号和配合代号的含义。
（1）$\phi 18F8$；（2）$\phi 40M6$；（3）$\phi 70e6$；（4）$\phi 50h7$；（5）$\phi 100H7/js6$；
（6）$\phi 20S6/h5$。
10. 试述基准制的选用原则。
11. 为什么在一般情况下应优先采用基孔制？
12. 下列尺寸标注是否正确？如有错误请改正。
（1）$\phi 23^{+0.015}_{+0.021}$ mm；（2）$\phi 30^{+0.033}_{0}$ mm；（3）$\phi 65_{-0.019}$ mm；（4）$\phi 50^{-0.025}_{-0.009}$ mm；
（5）$\phi 100^{+0.027}_{-0.027}$ mm；（6）$\phi 45^{+0.025}$ mm。

第二章 形状和位置公差

培训学习目标 理解形位公差的基本概念,掌握形位公差的分类方法、特征项目及符号,了解公差带和公差原则的概念,掌握形位公差的标注方法。

第一节 基本概念

在零件加工过程中,由于机床精度、加工方法等多种因素的影响,不仅会使零件产生尺寸误差,还会使几何要素的实际形状和位置相对于其理想形状和位置产生差异,这种差异就是形状和位置误差(形位误差)。形位误差不仅影响该零件的互换性,而且也影响整个机械产品的质量,降低寿命,因此必须对其予以必要、合理的限制,即规定形状和位置公差(形位公差)。

> 国家标准中共规定了哪些形位公差?

一、形位公差的特征项目及其符号

国标规定形位公差共有 14 个特征项目,其中形状公差 4 个,形状或位置公差 2 个,位置公差 8 个,并将这 8 个特征项目分为定向公差、定位公差和跳动公差三类。各个公差特征项目的名称和符号见表 2-1。

表 2-1 形位公差的特征项目及其符号

公　　差		特征项目	符　　号	基准要求
形状	形状	直线度	——	无
		平面度	▱	无

（续）

公 差		特征项目	符 号	基准要求
形状	形状	圆度	○	无
		圆柱度	⌭	无
形状或位置	轮廓	线轮廓度	⌒	有或无
		面轮廓度	⌓	有或无
位置	定向	平行度	∥	有
		垂直度	⊥	有
		倾斜度	∠	有
	定位	位置度	⌖	有或无
		同轴(同心)度	◎	有
		对称度	═	有
	跳动	圆跳动	↗	有
		全跳动	↗↗	有

> 每一项形位公差的名称和符号要能对应上。

二、形位公差的代号

标准规定，在技术图样中，形位公差采用形位公差代号标注。当无法采用代号标注时，允许在技术要求中用文字加以说明。

形位公差代号包括：形位公差框格和指引线、形位公差特征项目的符号、形位公差数值和有关符号、基准字母和有关符号。

> 不要弄混形位公差代号各个框格内的含义。

形位公差框格由两格或多格组成。在图样中框格一般水平放置，指引线通常从框格一端的中间位置引出，箭头指向相关的被测要素。框格中的内容从左至右依次填写：第一格为形位公差特征项目的符号；第二格为形位公差数值和有关符号；第三格以后为基准字母和有关符号。最基本的代号如图 2-1 所示。

三、形位公差的基准符号

对被测零件提出方向或位置要求时，在图样上必须标明基准。基准符号由粗的短横线、圆圈、连线和基准字母组成，如图 2-2 所示。无论基准符号的方向如何，其基准字母均应水平书写。为了避免误解，基准字母不得采用 E、I、J、M、O、P、L、R 和 F。

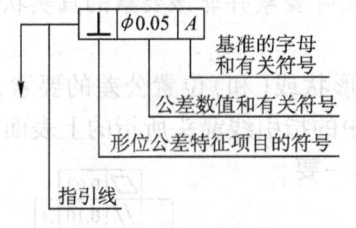
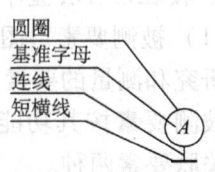

图 2-1　形位公差代号　　　　图 2-2　基准符号

四、零件的几何要素

尽管零件形状特征不同，但均可将其分解成若干个基本几何体。基本几何体都是由点、线、面组合而成，构成零件几何特征的点、线、面统称为几何要素，简称为要素。图 2-3 所示的零件就可以看成是由球、截锥体、圆柱体和圆锥体等基本几何体组成的。构成零

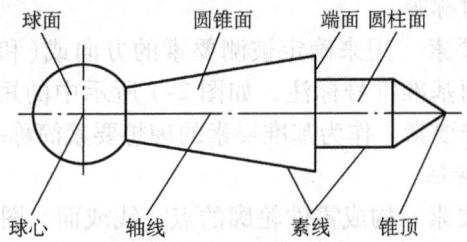

图 2-3　零件的几何要素

件的几何要素有:点,如球心、锥顶;线,如圆柱素线、圆锥素线、轴线;面,如球面、圆锥面、台阶面(端面)和圆柱面等。

形位公差研究的对象就是零件几何要素本身的形状精度和相关要素之间相互位置精度的问题。零件的几何要素可按不同角度进行分类。

1. 按存在的状态

(1) 理想要素 具有几何学意义的要素。理想要素是没有任何误差的纯几何的点、线、面,设计时图样给出的要素均为理想要素。

(2) 实际要素 零件上实际存在的要素。因为加工误差不可避免,所以实际要素总是偏离理想要素,通常由测得要素来代替。由于测量误差总是客观存在的,因此实际要素并非该要素的真实状况。

2. 按在形位公差中所处的地位

(1) 被测要素 图样上给出了形状或(和)位置公差的要素,即需要研究和测量的要素。如图 2-4 中的指引线箭头所指的上表面。

被测要素按其功能关系分为单一要素和关联要素两种。

1)单一要素:仅对其本身给出形状公差要求的要素。在图样上仅有形状公差要求而没有位置公差要求的要素属于单一要素。

2)关联要素:与其他要素有功能关系的要素。在图样上给出位置公差要求的要素属于关联要素。功能关系是指要素之间的方位关系,如垂直、平行、同轴、对称等。

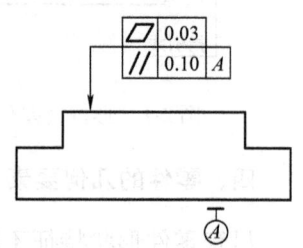

图 2-4 被测要素与基准要素

(2) 基准要素 用来确定被测要素的方向或(和)位置的要素。在图样上应当用基准符号标注,如图 2-4 所示中的短横线所对的下表面,就是基准要素。作为基准要素的理想要素简称基准。

3. 按几何特征

(1) 轮廓要素 构成零件轮廓的点、线或面。图 2-3 中的球面、圆锥面、端面和圆柱面、素线及锥顶点等都是轮廓要素。

(2) 中心要素 对称要素的中心点、线、面或回转表面的轴线。

图 2-3 中的球心和轴线就是中心要素。

第二节　形位公差各项目的意义

一、形位公差带

1. 形位公差带的含义

用以限制实际要素变动的区域称为形位公差带。它与尺寸公差带不同：尺寸公差带是用来限制零件实际尺寸大小的，通常是平面上两条直线所限定的区域；而形位公差带是用来限制被测要素的实际形状和位置变动的，通常是空间的区域。显然，实际要素只有在形位公差带内，被测要素的实际形状和(或)位置才合格。反之，则不合格。

2. 形位公差带的组成

形位公差带由形状、大小、方向和位置四个部分组成。

（1）形位公差带的形状　形位公差带的形状由被测要素的几何特征和设计要求决定。主要形状有 9 种，见表 2-2。

（2）形位公差带的大小　给定的公差值的大小，主要用以体现形位精度要求的高低，通常指形位公差带的宽度或直径。当公差带为圆形或圆柱形时，公差值前面加"ϕ"，公差带为球形时，则在公差值前面加"$S\phi$"。

（3）形位公差带的方向　组成公差带的几何要素的延伸方向。一般就是指给定方向或垂直于被测要素的方向。

（4）形位公差带的位置　形位公差带的位置分浮动和固定两种情况。所谓浮动是指形位公差带在尺寸公差带内，随零件实际尺寸的不同而变动，其实际位置与实际尺寸有关；所谓固定是指形位公差带的位置是由图样上给定的基准和理论正确尺寸确定，与零件的实际尺寸无关。

一般来说，形状公差的公差带位置均是浮动的。位置公差中的同轴度、对称度和位置度的公差带是固定的，有基准要求的轮廓度的公差带位置也固定。如无特殊要求，其他位置公差的公差带位置均是浮动的。

表 2-2　形位公差带形状及其应用范围

公差带			适用被测要素									用于公差特征项目													
构成要素	图示		球面	任意曲面	圆锥面	圆柱面	平面	圆	任意曲线	直线	点	直线度	平面度	圆度	圆柱度	线轮廓度	面轮廓度	平行度	垂直度	倾斜度	同轴度	对称度	位置度	圆跳动	全跳动
两平行直线	(图)									●		▲						▲	▲	▲		▲	▲		
两等距曲线	(图)								●							▲									
两同心圆	(图)		●	●	●	●	●	●						▲							▲			▲	
一个圆	(图)										●												▲		
一个球	(图)										●												▲		

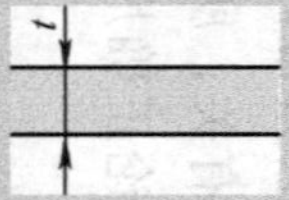

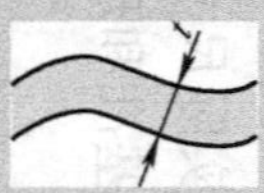

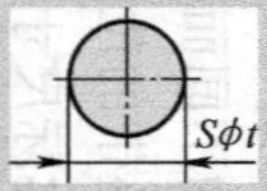

（续）

公差带构成要素	公差带图示	适用被测要素									用于公差特征项目													
		球面	任意曲面	圆锥面	圆柱面	平面	任意曲线	圆	直线	点	直线度	平面度	圆度	圆柱度	线轮廓度	面轮廓度	平行度	垂直度	倾斜度	同轴度	对称度	位置度	圆跳动	全跳动
一个圆柱面	（ϕt 圆柱）								●		▲						▲	▲	▲	▲		▲		▲
两同轴圆柱面	（t 同轴圆柱）				●									▲										
两平行平面	（t 两平行平面）					●			●		▲						▲	▲	▲		▲	▲		▲
两等距曲面			●													▲								

注：
- ● 表示与形位公差带形状相适应的被测要素。
- ▲ 表示与形位公差带形状相适应的公差特征项目。

二、形位公差各项目的意义

> 形状误差和形状公差是两个不同的概念。

1. 形状公差

单一实际要素的形状所允许的变动全量称为形状公差。形状公差是为了限制形状误差而设置的。形状误差是单一实际要素对其理想要素的变动量。标准指出，理想要素的位置应符合最小条件。

形状公差各项目都是用形状公差带来控制零件实际要素在一个限定区域内变动的。具体含义如下：

（1）直线度　控制实际直线对理想直线变动量的指标。其被测要素有平面与平面的交线、轴线、平面内的直线、圆柱和圆锥体的素线等。

（2）平面度　控制实际平面对理想平面变动量的指标。它用来限制加工表面的不平程度。

（3）圆度　控制实际圆对理想圆变动量的指标。它用来限制回转面在任一正截面上的圆轮廓的形状误差。

（4）圆柱度　控制实际圆柱面对理想圆柱面变动量的指标。它用来限制圆柱面所有正截面和纵截面上的综合形状误差，其公差可以同时控制圆度、素线和轴线的直线度以及两条素线的平行度。

2. 形状或位置公差

（1）线轮廓度　控制实际曲线对理想曲线变动量的指标。它用来限制非圆曲线的形状误差。

（2）面轮廓度　控制实际曲面对理想曲面变动量的指标。它用来限制空间曲面的形状误差。空间曲面包括除平面、圆柱面和圆锥面以外的曲面。

3. 位置公差

位置公差是关联实际要素的位置对基准所允许的变动全量。位置公差是为了限制位置误差而设置的。位置误差是关联实际要素对其理想要素的变动量，它有三种：一是定向误差，即关联实际要素对一具有确定方向的理想要素的变动量，理想要素的方向由基准确定；二是定位误差，即关联实际要素对一具有确定位置的理想要素的变动量，理想要素的位置由基准和理论正确尺寸确定；三是跳动误差，即被测实际要素绕基准作无轴向移动回转1周或连续回转时，由位置固定或沿理想素线连续移动的指示器在给定方向上测得的最大值与最小值之差。

与形状公差一样，位置公差的各项目是用位置公差带将零件实际要素限制在一定区域内变动的。由于采用公差带概念，位置公差带除限制被测要素的位置误差外，同时也限制了该要素的形状误差。与形状公差带不同的是，位置公差带必须与基准保持相应的关系。基准对被测要素的位置公差带起着定向和定位的作用。

与位置误差相对应，位置公差也分三种：一是定向公差，即关联实际要素对基准在方向上允许的变动全量，用于控制定向误差；二是定位公差，即关联实际要素对基准在位置上允许的变动全量，用于控制定位误差；三是跳动公差，即关联实际要素绕基准轴线回转1周或连续回转时所允许的最大跳动量，用于控制跳动误差。具体含义如下：

（1）平行度 控制被测实际要素对基准在平行方向上变动量的指标。它用来限制被测要素对基准不平行的程度。

（2）垂直度 控制被测实际要素对基准在垂直方向上变动量的指标。它用来限制被测要素对基准不垂直的程度。

（3）倾斜度 控制被测实际要素对基准在倾斜方向上变动量的指标。被测要素的理想方向由基准和理论正确角度确定。它用来限制被测要素对基准要素应倾斜的理想位置的偏离程度。

（4）对称度 控制被测实际要素对基准要素共面性的要求。标准中指出，其被测要素和基准要素均为零件结构中的中心平面。它用来限制被测要素的实际中心平面(或轴线)偏离或偏斜的程度。

（5）位置度 控制被测要素的实际位置对理想位置变动量的指标，它的定位尺寸为理论正确尺寸。位置度用来限制被测要素的实际位置偏离其理想位置的程度。

（6）同轴度 控制被测轴线偏离基准轴线的指标。它用来限制被测要素的轴线对基准轴线不同轴的程度。

（7）圆跳动 被测要素绕基准轴线在无轴向移动的前提下旋转，

在任一测量平面内旋转 1 周时的最大变动量,即最大跳动量与最小跳动量之差。

(8)全跳动 被测要素绕基准轴线,在无轴向移动的前提下旋转,在整个表面上的最大变动量,即最大跳动量与最小跳动量之差。

第三节　形位公差的标注

一、形位公差标注的基本规定

搞清楚形位公差标注的基本规定,能帮助我们正确地识图。

1. 被测要素的标注

1) 当被测要素为轮廓线或为有积聚性投影的表面时,将箭头置于要素的可见轮廓线或轮廓线的延长线上,并与尺寸线明显地错开,如图 2-5 所示。

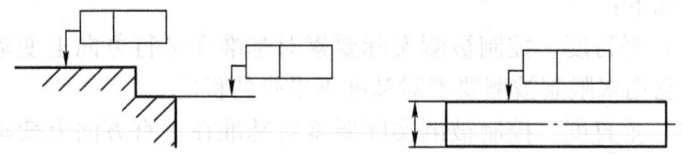

图 2-5　被测要素为轮廓线时的标注

2) 当被测要素为中心要素时,则指引线的箭头应与该要素的尺寸线对齐,如图 2-6 所示。

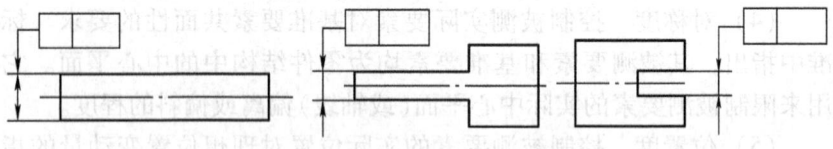

图 2-6　被测要素为中心要素时的标注

3) 当被测表面的投影为面时,箭头可置于带点的参考线上,该点指在实际表面的投影上,如图 2-7 所示。

2. 基准要素的标注

1) 当基准要素为轮廓线或为有积聚性投影的表面时,将基准符号置于轮廓线上或轮廓线的延长线上,并使基准符号中的连线与尺寸线明显地错开,如图 2-8 所示。

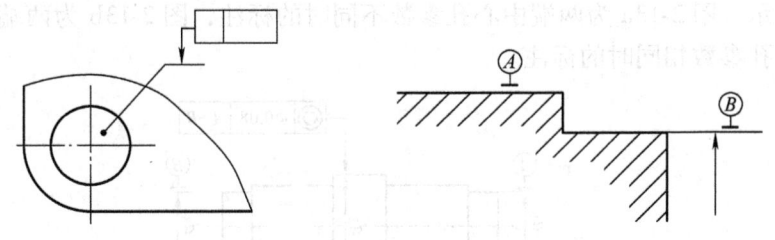

图 2-7　被测要素的投影为面时的标注　　图 2-8　基准要素为轮廓线时的标注

2）当基准要素为中心要素时,基准符号中的连线应与尺寸线对齐,如图 2-9 所示。

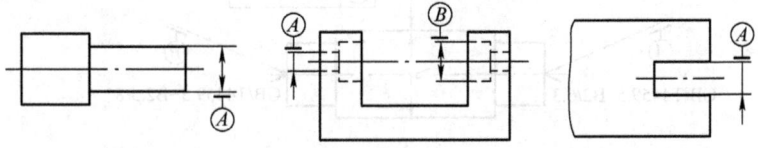

图 2-9　基准要素为中心要素时的标注

3）当基准要素的投影为面时,基准符号可置于用圆点指向实际表面的投影的参考线上,如图 2-10 所示。

4）任选基准的标注:对于具有对称形状的零件上两个相同要素的位置公差,常常标注任选基准。此时,用指引线箭头代替基准符号中的短横线,如图 2-11 所示表示两平面中任一平面作基准时,另一平面的平行度误差不大于 0.02mm。可见,任选基准的要求高于指定基准。

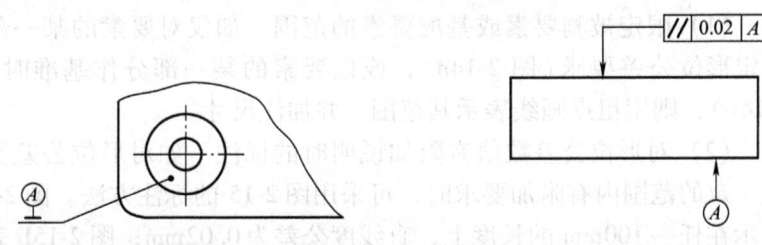

图 2-10　基准要素的投影为面时的标注　　图 2-11　任选基准的标注

5）基准要素为公共轴线时的标注：图 2-12 是基准要素为一般公共轴线时的标注。当基准要素为中心孔时，标注方法如图 2-13 所示，图 2-13a 为两端中心孔参数不同时的标注，图 2-13b 为两端中心孔参数相同时的标注。

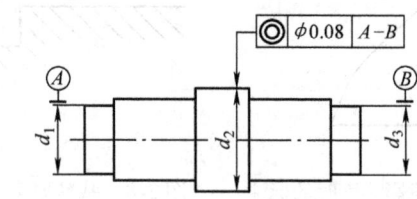

图 2-12　以两圆柱的公共轴线为基准时的标注

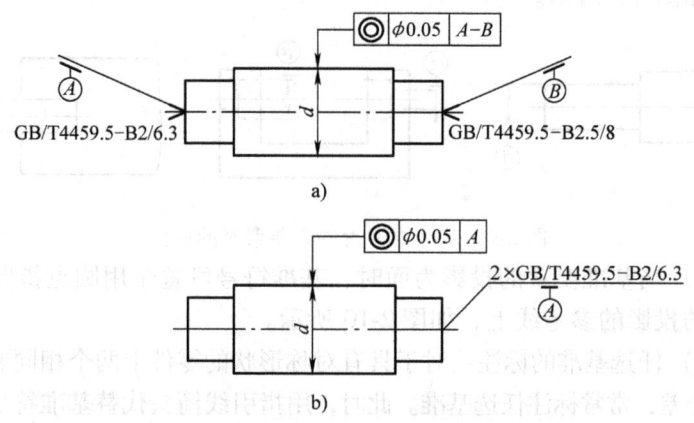

图 2-13　以两端中心孔的公共轴线为基准时的标注

3. 形位公差数值和测量范围有附加说明时的标注

（1）限定被测要素或基准要素的范围　如仅对要素的某一部分给定形位公差要求（图 2-14a），或以要素的某一部分作基准时（图 2-14b），则用粗点画线表示其范围，并加注尺寸。

（2）对形位公差数值有附加说明时的标注　如对形位公差数值在一定的范围内有附加要求时，可采用图 2-15 的标注方法。图 2-15a 表示在任一 100mm 的长度上，直线度公差为 0.02mm；图 2-15b 表示被测表面在任一 100mm × 100mm 的正方形表面上，平面度公差为

0.05mm；图 2-15c 表示在被测要素的 1000mm 全长上，直线度公差为 0.05mm，在任一 200mm 的长度上，直线度公差为 0.02mm。

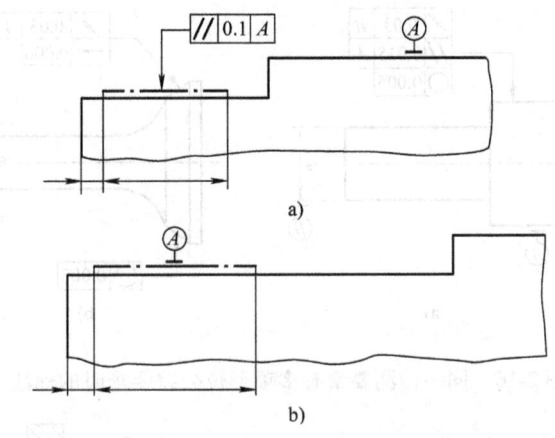

图 2-14 限定被测要素或基准要素的范围

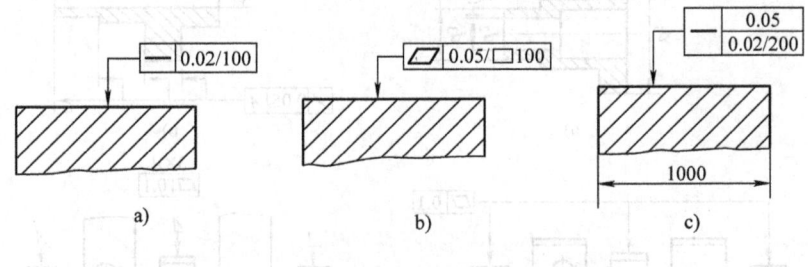

图 2-15 形位公差数值有附加说明时的标注

4. 同一被测要素有多项形位公差要求时的标注

如对同一被测要素有一个以上的公差特征项目要求且测量方向相同时，可将一个形位公差框格放在另一个框格的下面，用同一指引线指向被测要素，如图 2-16a 所示；如测量方向不完全相同，则应将测量方向不同的项目分开标注，如图 2-16b 所示。

5. 不同被测要素有相同形位公差要求时的标注

不同的被测要素有相同的形位公差要求时，可从框格引出的指引线上绘出多个指示箭头，分别指向各被测要素，如图 2-17a、b、c 所示，图 2-17c 也可像图 2-17d 所示那样标注。当用同一公差带控制几个被测要素时,应在框格上注明"共面"或"共线",如图 2-17e、f 所示。图 2-17e 和图 2-17f 标注含义相同。

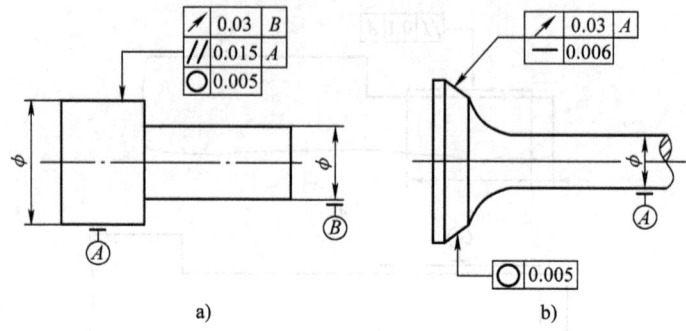

图 2-16 同一被测要素有多项形位公差要求时的标注

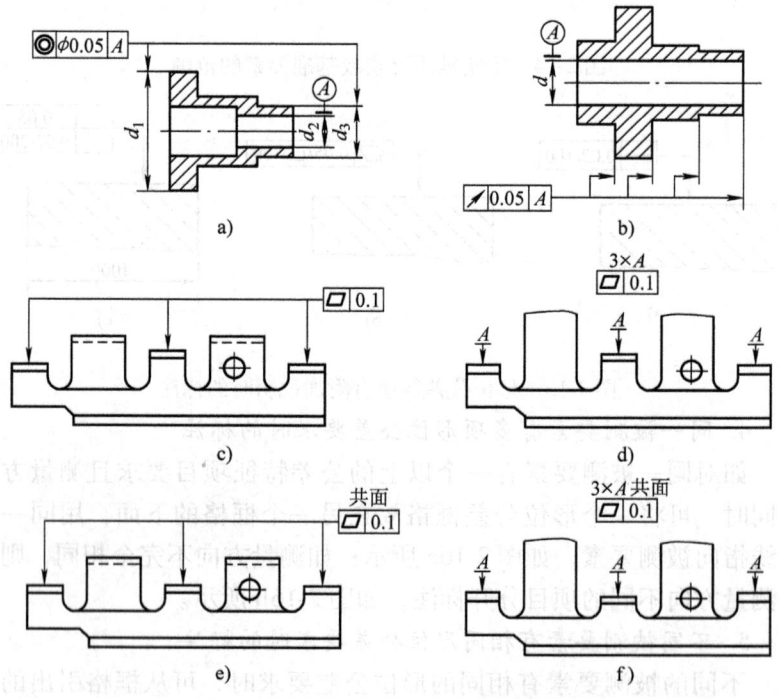

图 2-17 不同被测要素有相同形位公差时的标注

6. 形位公差有附加要求时的标注

（1）用符号标注　采用符号标注时，可在形位公差数值之后加注相应符号，如图 2-18 所示。图 2-18a 表示素线直线度公差为 0.02mm，若有素线直线度误差，只允许中间向材料外凸起；图 2-18b 表示平面度公差为 0.02mm，若有平面度误差，只允许中间向材料内凹下；图 2-18c 表示圆柱度公差为 0.03mm，若有圆柱度误差，只允许圆柱直径尺寸从左至右逐渐减小；图 2-18d 表示平行度公差为 0.02mm，若有平行度误差，只允许两平行面（或线）之间的距离从右至左逐渐减小。

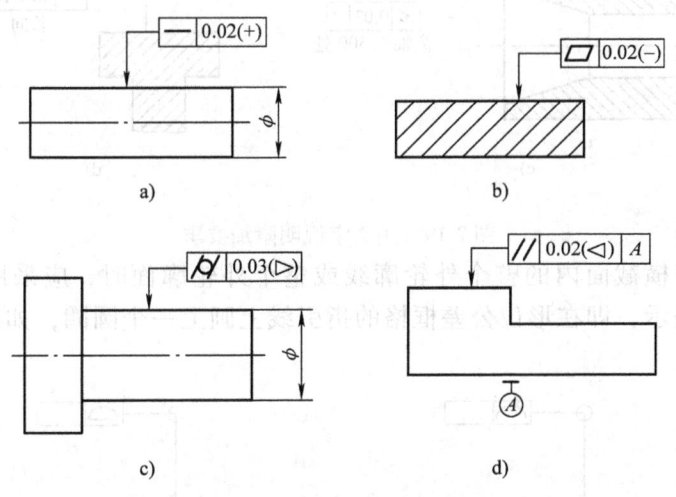

图 2-18　用符号表示附加要求

（2）用文字说明　对被测要素进行数量说明时，附加要求应写在形位公差框格的上方，如图 2-19a、b 所示。对被测要素进行解释性说明时，附加要求应写在形位公差框格的下方，如图 2-19c、d 所示。图 2-19a 表示 6 个键槽的中心平面分别对基准 A 的对称度公差为 0.05mm；图 2-19b 表示两端圆柱面的圆度公差同为 0.005mm；图 2-19c 表示内锥面对外圆柱面的轴线在离轴端 300mm 处的斜向圆跳动公差为 0.03mm；图 2-19d 说明在未画出导轨长向视图时，可借用其横剖面标注长向直线度公差。

（3）全周符号　在形位公差特征项目如轮廓度公差中，当其

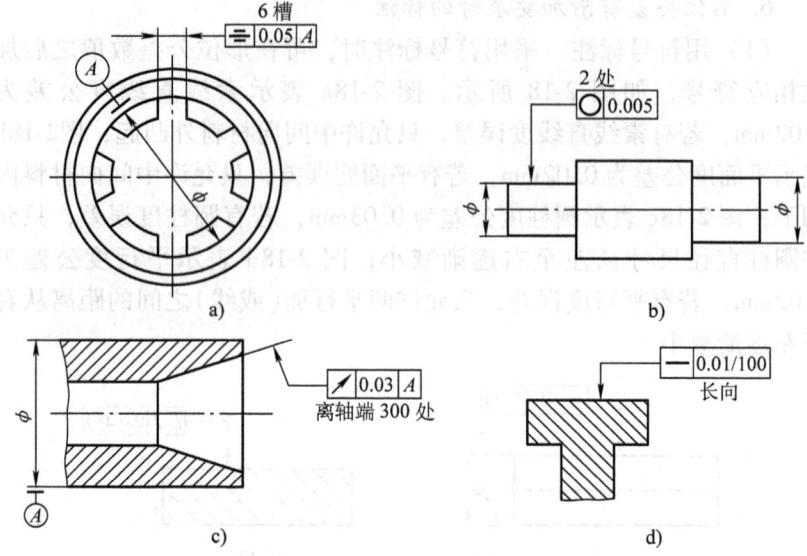

图 2-19 用文字说明附加要求

适用于横截面内的整个外轮廓线或整个外轮廓面时,应采用全周符号表示,即在形位公差框格的指引线上画上一个圆圈,如图2-20所示。

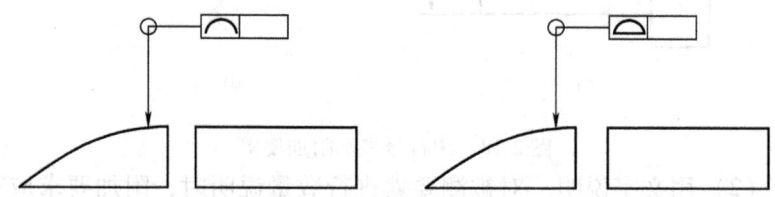

图 2-20 全周符号的标注

(4) 理论正确尺寸 对于要素的位置度、轮廓度或倾斜度,其尺寸由不带公差的理论正确位置、轮廓或角度来确定,这种尺寸称为"理论正确尺寸"。理论正确尺寸应用框格表示,零件实际尺寸仅是由在公差框格中的位置度、轮廓度或倾斜度公差来限定,如图2-21所示。

(5) 延伸公差带 延伸公差带是将被测要素的公差带延伸到零

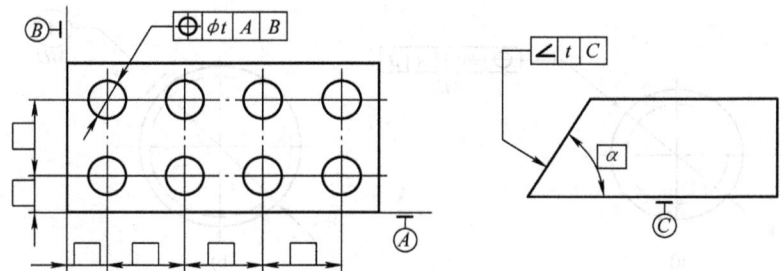

图 2-21 理论正确尺寸的标注

件实体之外去,控制零件外部的公差带,以保证与相配零件配合时能顺利装入。标注时除在框格内加注符号⑰外,还要在图样中注出相应延伸的尺寸,如图 2-22 所示。

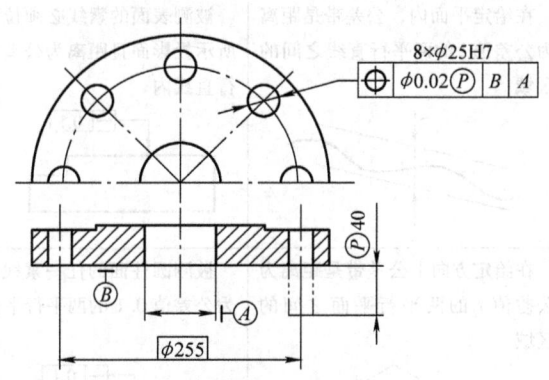

图 2-22 延伸公差带

(6) 螺纹、齿轮和花键的标注 一般情况下,螺纹轴线作为被测要素或基准要素均为中径轴线,如采用大径轴线则用符号 MD 表示(图 2-23),采用小径轴线用符号 LD 表示。由齿轮和花键轴线作为被测要素或基准要素时,节径轴线用符号 PD 表示,大径轴线用符号 MD 表示,小径轴线用符号 LD 表示。

二、形位公差的标注示例

各项形位公差标注示例见表 2-3 ~ 表 2-7。

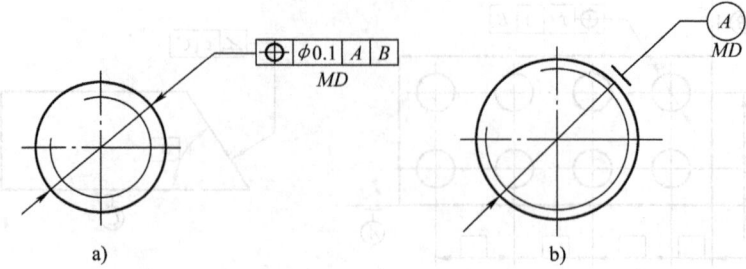

图 2-23 螺纹的标注

表 2-3 形状公差和轮廓度公差标注示例　　（单位：mm）

符　号	公差带定义	标注和解释
—	直线度公差	
—	在给定平面内，公差带是距离为公差值 t 的两平行直线之间的区域	被测表面的素线必须位于平行于图样所示投影面且距离为公差值 0.1 的两平行直线内
—	在给定方向上公差带是距离为公差值 t 的两平行平面之间的区域	被测圆柱面的任一素线必须位于距离为公差值 0.1 的两平行平面之内
—	如在公差值前加注 ϕ，则公差带是直径为 t 的圆柱面内的区域	被测圆柱面的轴线必须位于直径为公差值 $\phi 0.08$ 的圆柱面内

(续)

符　号	公差带定义	标注和解释
	平面度公差	
▱	公差带是距离为公差值 *t* 的两平行平面之间的区域 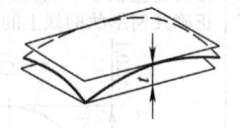	被测表面必须位于距离为公差值 0.08 的两平行平面内 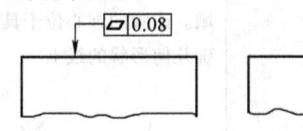
	圆度公差	
○	公差带是在同一正截面上，半径差为公差值 *t* 的两同心圆之间的区域 	被测圆柱面任一正截面的圆周必须位于半径差为公差值 0.03 的两同心圆之间 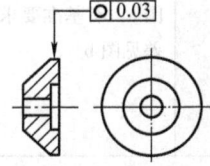 被测圆锥面任一正截面上的圆周必须位于半径差为公差值 0.1 的两同心圆之间 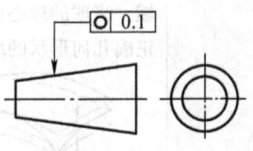
	圆柱度公差	
⌭	公差带是半径差为公差值 *t* 的两同轴圆柱面之间的区域 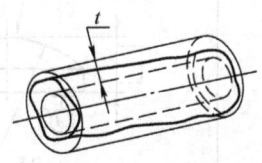	被测圆柱面必须位于半径差为公差值 0.1 的两同轴圆柱面之间 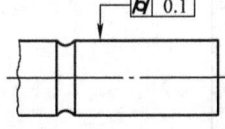

(续)

符号	公差带定义	标注和解释
线轮廓度公差		
⌒	公差带是包络一系列直径为公差值 t 的圆的两包络线之间的区域。诸圆的圆心位于具有理论正确几何形状的线上 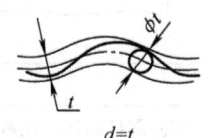 d=t 无基准要求的线轮廓度公差见图 a，有基准要求的线轮廓度公差见图 b	在平行于图样所示投影面的任一截面上，被测轮廓线必须位于包络一系列直径为公差值 0.04 且圆心位于具有理论正确几何形状的线上的两包络线之间 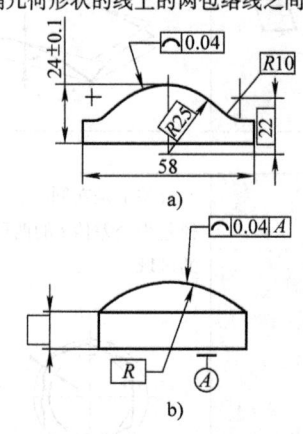
面轮廓度公差		
⌓	公差带是包络一系列直径为公差值 t 的球的两包络面之间的区域，诸球的球心应位于具有理论正确几何形状的面上 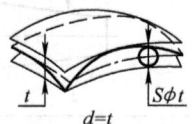 d=t 无基准要求的面轮廓度公差见图 a；有基准要求的面轮廓度公差见图 b	被测轮廓面必须位于包络一系列球的两包络面之间，诸球的直径为公差值 0.02，且球心位于具有理论正确几何形状的面上的两包络面之间 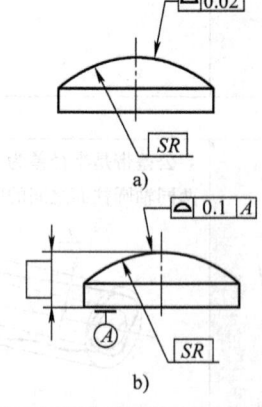

第二章 形状和位置公差

表 2-4 定向公差标注示例　　（单位:mm）

符号	公差带定义	标注和解释
//	平行度公差	

线对线平行度公差

公差带定义	标注和解释
公差带是两对互相垂直的距离分别为 t_1 和 t_2 且平行于基准线的两平行平面之间的区域 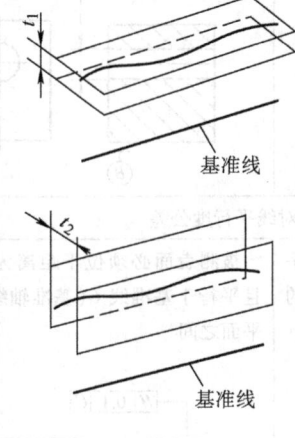	被测轴线必须位于距离分别为公差值 0.2 和 0.1,在给定的互相垂直方向上且平行于基准轴线的两组平行平面之间 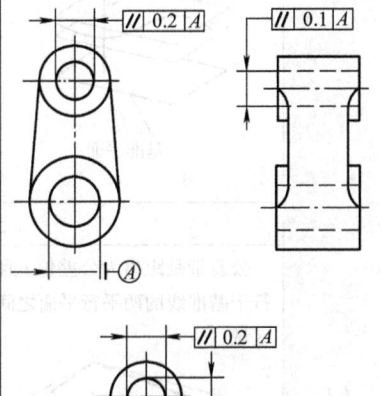 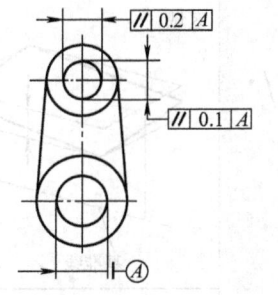
如在公差值前加注 ϕ,公差带是直径为公差值 t 且平行于基准线的圆柱面内的区域 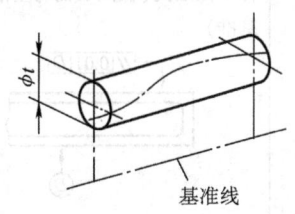	被测轴线必须位于直径为公差值 0.03 且平行于基准轴线的圆柱面内 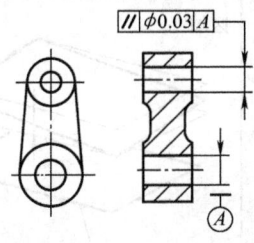

(续)

符　号	公差带定义	标注和解释
//	平行度公差	

线对面平行度公差

	公差带定义	标注和解释
	公差带是距离为公差值 t 且平行于基准平面的两平行平面之间的区域 	被测轴线必须位于距离为公差值 0.01 且平行于基准表面 B（基准平面）的两平行平面之间 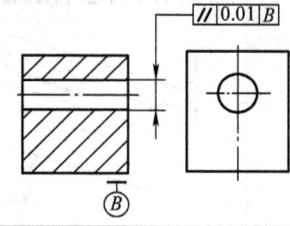

面对线平行度公差

| | 公差带是距离为公差值 t 且平行于基准线的两平行平面之间的区域 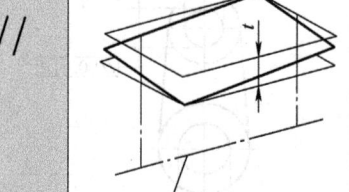 | 被测表面必须位于距离为公差值 0.1 且平行于基准线 C（基准轴线）的两平行平面之间 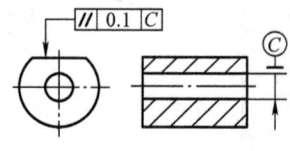 |

面对面平行度公差

| | 公差带是距离为公差值 t 且平行于基准面的两平行平面之间的区域 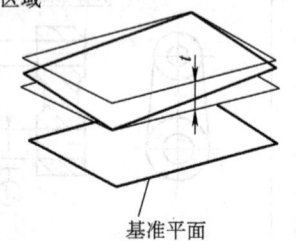 | 被测表面必须位于距离为公差值 0.01 且平行于基准表面 D（基准平面）的两平行平面之间（被测表面与基准平面为任选基准） 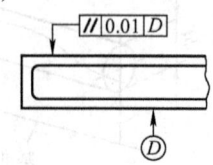 |

符号	公差带定义	标注和解释
⊥	垂直度公差	
	线对线垂直度公差	
	公差带是距离为公差值 t 且垂直于基准线的两平行平面之间的区域 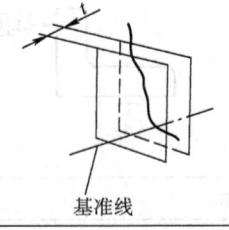	被测轴线必须位于距离为公差值 0.06 且垂直于基准线 A (基准轴线) 的两平行平面之间 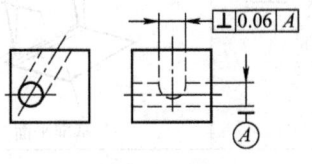
	线对面垂直度公差	
	在给定方向上，公差带是距离为公差值 t 且垂直于基准面的两平行平面之间的区域 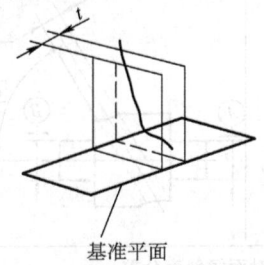	在给定方向上被测轴线必须位于距离为公差值 0.1 且垂直于基准表面 A 的两平行平面之间 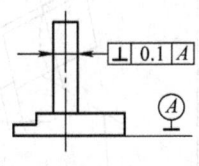
	如公差值前加注 ϕ，则公差带是直径为公差值 t 且垂直于基准面的圆柱面内的区域 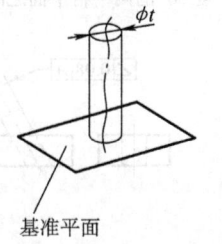	被测轴线必须位于直径为公差值 $\phi 0.01$ 且垂直于基准面 A (基准平面) 的圆柱面内 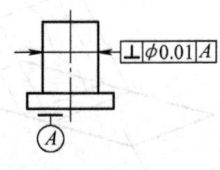

(续)

符号	公差带定义	标注和解释
	垂直度公差	
⊥	面对面垂直度公差（面对线垂直度公差略）	
	公差带是距离为公差值 t 且垂直于基准面的两平行平面之间的区域	被测面必须位于距离为公差值 0.08 且垂直于基准平面 A 的两平行平面之间
	倾斜度公差	
∠	线对线倾斜度公差	
	被测线和基准线在同一平面内；公差带是距离为公差值 t 与基准线成一给定角度的两平行平面之间的区域	被测轴线必须位于距离为公差值 0.08 且与 A-B 公共基准线成一理论正确角度 60°的两平行平面之间
	线对面倾斜度公差	
	公差带是距离为公差值 t 且与基准面成一给定角度的两平行平面之间的区域	被测轴线必须位于距离为公差值 0.08 且与基准面 A（基准平面）成理论正确角度 60°的两平行平面之间

(续)

符号	公差带定义	标注和解释
倾斜度公差		
∠	面对面倾斜度公差(面对线倾斜度公差略)	
	公差带是距离为公差值 t 且与基准面成一给定角度的两平行平面之间的区域 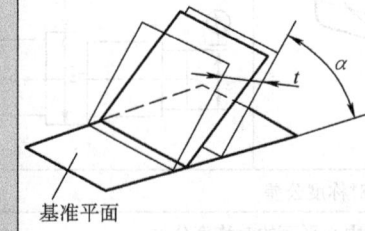	被测表面必须位于距离为公差值 0.08 且与基准面 A(基准平面)成理论正确角度 40°的两平行平面之间 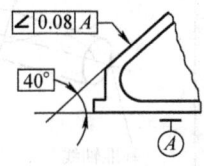

表 2-5　定位公差标注示例　　　　　(单位:mm)

符号	公差带定义	标注和解释
同轴度公差		
◎	点的同心度公差	
	公差带是直径为公差值 ϕt 且与基准圆心同心的圆内的区域	外圆的圆心必须位于直径为公差值 $\phi 0.01$ 且与基准圆心同心的圆内 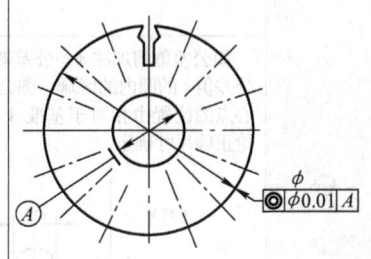

(续)

符号	公差带定义	标注和解释
	同轴度公差	
	轴线的同轴度公差	
◎	公差带是直径为公差值 ϕt 的圆柱面内的区域，该圆柱面的轴线与基准轴线同轴	大圆柱面的轴线必须位于直径为公差值 $\phi 0.08$ 且与公共基准线 A-B（公共基准轴线）同轴的圆柱面内 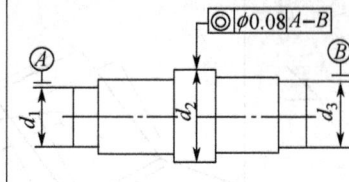
	对称度公差	
	中心平面的对称度公差	
═	公差带是距离为公差值 t 且相对基准的中心平面对称配置的两平行平面之间的区域	被测中心平面必须位于距离为公差值 0.08 且相对于公共基准中心平面 A-B 对称配置的两平行平面之间 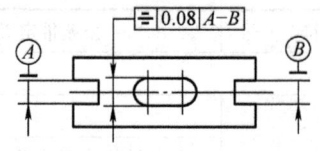
	位置度公差	
	点的位置度公差	
⊕	如公差值前加注 ϕ，公差带是直径为公差值 t 的圆内的区域。圆公差带的中心点的位置由相对于基准 A 和 B 的理论正确尺寸确定	两个中心线的交点必须位于直径为公差值 $\phi 0.3$ 的圆内，该圆的圆心位于由相对基准 A 和 B（基准直线）的理论正确尺寸所确定的点的理想位置上 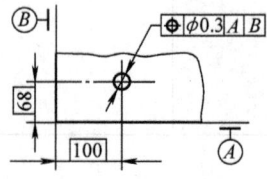

第二章 形状和位置公差

(续)

符号	公差带定义	标注和解释
⊕	**位置度公差**	
	点的位置度公差	
	如公差值前加注 $S\phi$，公差带是直径为公差值 t 的球内的区域。球公差带的中心点的位置由相对于基准 A、B 和 C 的理论正确尺寸确定 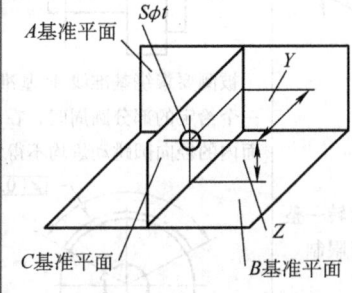	被测球的球心必须位于直径为公差值 $S\phi 0.3$ 的球内。该球的球心位于由相对基准 A、B、C 的理论正确尺寸所确定的理想位置上 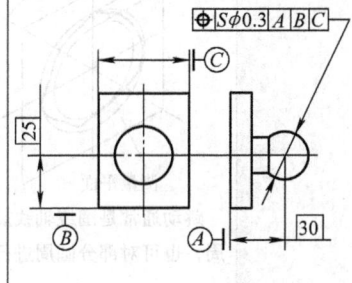
	线的位置度公差（孔组位置度公差略）	
	公差带是距离为公差值 t 且以线的理想位置为中心线对称配置的两平行直线之间的区域。中心线的位置由相对于基准 A 的理论正确尺寸确定，此位置度公差仅给定一个方向 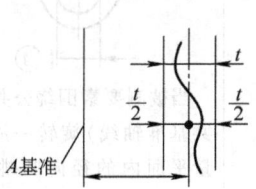	每根刻线的中心线必须位于距离为公差值 0.05 且由相对于基准 A 的理论正确尺寸所确定的理想位置对称的诸两平行直线之间 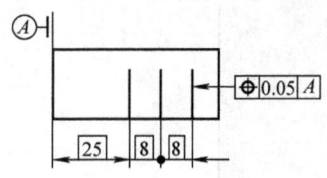

表 2-6　圆跳动公差标注示例　　（单位：mm）

符号	公差带定义	标注和解释
	径向圆跳动公差	
	公差带是在垂直于基准轴线的任一测量平面内、半径差为公差值 t 且圆心在基准轴线上的两同心圆之间的区域 跳动通常是围绕轴线旋转一整周，也可对部分圆周进行限制	当被测要素围绕基准线 A（基准轴线）旋转一周时，在任一测量平面内的径向圆跳动量均不得大于 0.1 被测要素绕基准线 A（基准轴线）旋转一个给定的部分圆周时，在任一测量平面内的径向圆跳动量均不得大于 0.2 当被测要素围绕公共基准线 A-B（公共基准轴线）旋转一周时，在任一测量平面内的径向圆跳动量均不得大于 0.1

(续)

符　号	公差带定义	标注和解释
	端面圆跳动公差	
↗	公差带是在与基准同轴的任一半径位置的测量圆柱面上距离为 t 的两圆之间的区域 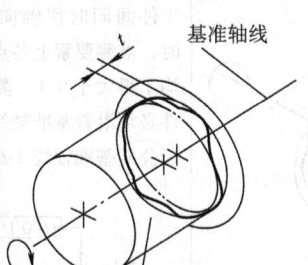	被测面围绕基准线 D（基准轴线）旋转一周时，在任一测量圆柱面内轴向的跳动量均不得大于 0.1 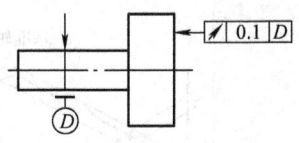
	斜向圆跳动公差	
	公差带是在与基准同轴的任一测量圆锥面上距离为 t 的两圆之间的区域 除另有规定，其测量方向应与被测面垂直 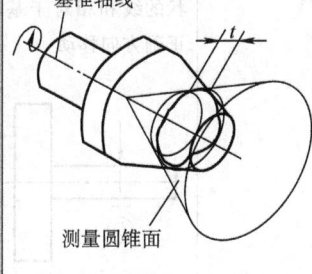	被测面绕基准线 C（基准轴线）旋转一周时，在任一测量圆锥面上的跳动量均不得大于 0.1 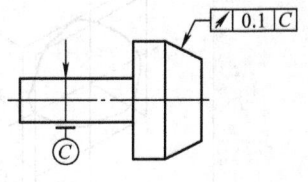

表 2-7 全跳动公差标注示例　　（单位：mm）

符　号	公差带定义	标注和解释
	全跳动公差	
	径向全跳动公差	
	公差带是半径差为公差值 t 且与基准同轴的两圆柱面之间的区域	被测要素围绕公共基准线 A-B 作若干次旋转，并在测量仪器与工件间同时作轴向的相对移动时，被测要素上各点间的示值差均不得大于 0.1。测量仪器或工件必须沿着基准轴线方向并相对于公共基准轴线 A-B 移动
	端面全跳动公差	
	公差带是距离为公差值 t 且与基准垂直的两平行平面之间的区域	被测要素围绕基准轴线 D 作若干次旋转，并在测量仪器与工件间作径向相对移动时，在被测要素上各点间的示值差均不得大于 0.1。测量仪器或工件必须沿着轮廓具有理想正确形状的线和相对于基准轴线 D 的正确方向移动

第四节 公差原则

在设计零件时,根据使用功能和互换性要求,对零件上重要的几何要素,常常同时给出尺寸公差和形位公差。在一般情况下,它们彼此是独立的,应该分别满足各自要求。但由于零件上被测要素的实际形状是综合了其尺寸误差和形位误差的结果,因而尺寸公差和形位公差之间又有一定的关系,在一定条件下,两者可以相互补偿。通常把确定形位公差与尺寸公差之间相互关系的原则称为公差原则。

一、有关公差原则的一些术语

1. 最大实体状态和最大实体尺寸

(1) 最大实体状态(MMC) 实际要素在给定长度上处处位于尺寸极限之内并具有实体最大时的状态,即实际要素在极限尺寸范围内具有材料量最多的状态。

(2) 最大实体尺寸(MMS) 实际要素在最大实体状态下的极限尺寸。对于内表面,为最小极限尺寸;对于外表面,为最大极限尺寸。

2. 最小实体状态和最小实体尺寸

(1) 最小实体状态(LMC) 实际要素在给定长度上处处位于尺寸极限之内并具有实体最小时的状态,即实际要素在极限尺寸范围内具有材料量最少的状态。

(2) 最小实体尺寸(LMS) 实际要素在最小实体状态下的极限尺寸。对于内表面,为最大极限尺寸;对于外表面,为最小极限尺寸。

3. 体外作用尺寸

在被测要素的给定长度上,与实际内表面(孔)体外相接的最大理想面或与实际外表面(轴)体外相接的最小理想面的直径或宽度。在配合面的全长上,与实际孔内接的最大理想轴的尺寸称为孔的作用尺寸;与实际轴外接的最小理想孔的尺寸称为轴的作用尺寸。

4. 最大实体实效状态和最大实体实效尺寸

（1）最大实体实效状态（MMVC） 在给定长度上，实际要素处于最大实体状态且其中心要素的形状（或位置）误差等于给出的公差值时的综合极限状态。

（2）最大实体实效尺寸（MMVS） 要素在最大实体实效状态下的体外作用尺寸。

对于内表面，最大实体实效尺寸 = 最大实体尺寸 − 形位公差值
对于外表面，最大实体实效尺寸 = 最大实体尺寸 + 形位公差值

二、公差原则

公差原则分为独立原则和相关要求两大类，相关要求又分为包容要求、最大实体要求、最小实体要求和可逆要求。

1. 独立原则

独立原则是指图样上给定的每一个尺寸和形状、位置公差要求均是独立的，应分别满足要求。它是尺寸公差和形位公差相互关系遵循的基本原则。

采用独立原则时，尺寸公差仅控制要素的局部实际尺寸，不控制要素本身的形位误差。给出的形位公差为定值，不随要素实际尺寸的变化而变化。采用独立原则时，在图样上未加注任何符号表示尺寸公差和形位公差的相互关系。

图 2-24 为独立原则的应用示例。图样上注出的尺寸要求为 $\phi 150h7(_{-0.04}^{\ 0})$，仅限制轴的局部实际尺寸，即不管轴线怎样弯曲，各实际尺寸只能在 $\phi 149.96 \sim \phi 150$mm 范围内；同样，不论轴的实际尺寸如何变动，轴线直线度误差不得超过 $\phi 0.02$mm。

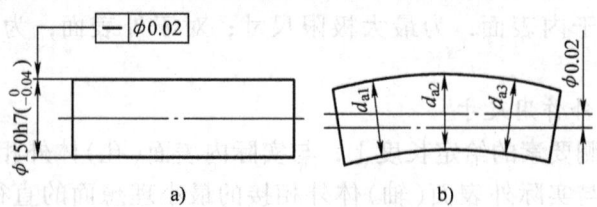

图 2-24 独立原则

2. 相关要求

相关要求是指图样上给定的形位公差与尺寸公差相互有关的公差要求。

> 要记住包容要求和最大实体要求在图样中的标记。

（1）包容要求 为使实际要素处处位于理想形状的包容面之内的一种公差要求。它表示实际要素应遵守最大实体边界，其局部实际尺寸不得超出最小实体尺寸。包容要求只适用于处理单一要素（如圆柱表面或两平行表面）的尺寸公差与形位公差的相互关系。采用包容要求的单一要素应在其尺寸的极限偏差或公差带代号之后加注符号"Ⓔ"，如图2-25所示。

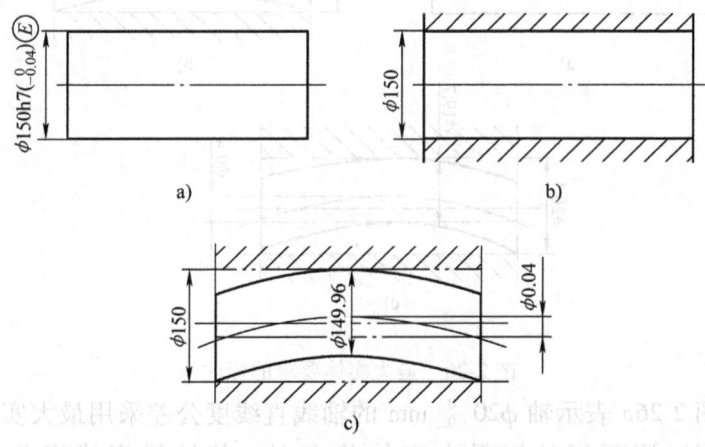

图2-25 包容要求的标注

图2-25a表示轴按包容要求给出了尺寸公差。实际轴应满足以下要求：

1）实际轴必须在最大实体边界之内，该理想边界为直径等于φ150mm的理想圆柱面（孔），见图2-25b。

2）当轴的局部实际尺寸处处为最大实体尺寸φ150mm时，轴的直线度误差为零，即该轴必须具有理想形状，见图2-25b。

3）当轴的局部实际尺寸处处为最小实体尺寸φ149.96mm时，允许轴有φ0.04mm的直线度误差，见图2-25c。

4）轴的局部实际尺寸必须在 $\phi 149.96 \sim \phi 150$mm 之间。

包容要求主要用于要求保证配合性质的场合。

（2）最大实体要求　控制被测要素的实际轮廓处于最大实体实效边界之内的一种公差要求。当其实际尺寸偏离最大实体尺寸时，允许其形位误差超出其给出的公差值。最大实体要求适用于零件的中心要素，其符号用"Ⓜ"表示，如图 2-26 所示。

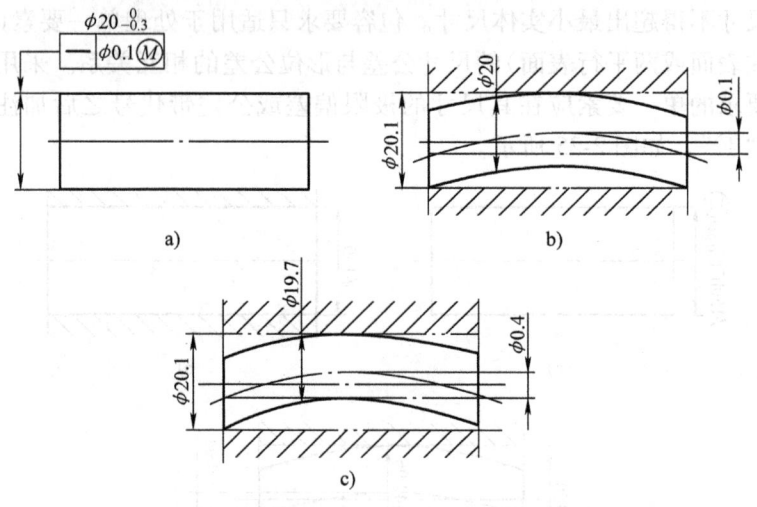

图 2-26　最大实体要求的标注

图 2-26a 表示轴 $\phi 20_{-0.3}^{0}$ mm 的轴线直线度公差采用最大实体要求。当被测要素处于最大实体状态时，其轴线直线度公差为 $\phi 0.1$mm。轴的最大实体实效尺寸为 $\phi(20+0.1)$mm = $\phi 20.1$mm。由最大实体实效尺寸可确定其最大实体实效边界是一个直径为 $\phi 20.1$mm 的理想圆柱面（孔），如图 2-26b 所示。根据被测要素遵守的最大实体实效边界，该轴应满足下列要求：

1）当轴的直径均为最大实体尺寸 $\phi 20$mm 时，允许的轴线直线度误差为给定的公差值 $\phi 0.1$mm，见图 2-26b。

2）当轴的直径偏离最大实体尺寸均为 $\phi 19.9$mm 时，其偏离量 $\phi 0.1$mm 可补偿给直线度公差，这时允许的轴线直线度误差为 $\phi 0.2$mm（给定的公差值 $\phi 0.1$mm 与偏离量 0.1mm 之和）。

3) 当轴的直径均为最小实体尺寸 φ19.7mm 时，偏离量达到最大值（等于尺寸公差 0.3mm），这时允许的轴线直线度误差为给定的直线度公差 φ0.1mm 与偏离量 0.3mm 之和，即 φ0.40mm，见图 2-26c。

4) 实际尺寸必须在 φ19.7~φ20mm 之间变化。

最大实体要求多用于只要求可装配性的零件。

复习思考题

1. 形位公差共有多少个项目？它是如何分类的？各用什么符号表示？
2. 形位公差代号和基准代号各由哪些部分组成？
3. 形位公差带是由哪几部分组成的？
4. 说明图 2-27 中形位公差代号标注的意义。

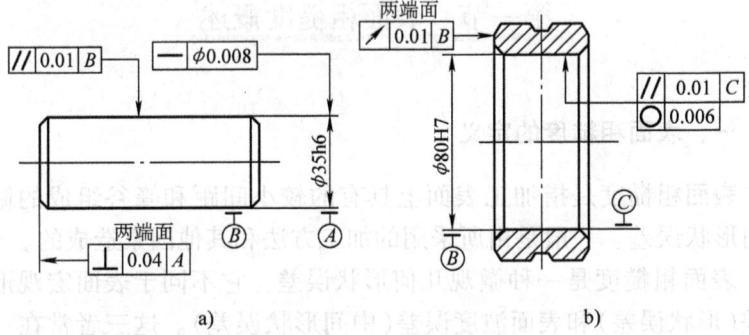

图 2-27

5. 什么是最大实体尺寸？
6. 公差原则有哪两种？
7. 相关要求主要有哪两种？它们在图样中如何标注？

第三章 表面粗糙度

培训学习目标 了解表面粗糙度对机械零件使用性能的影响,掌握表面粗糙度的符号、代号在图样上标注的含义。

第一节 表面粗糙度概述

一、表面粗糙度的定义

表面粗糙度是指加工表面上具有的较小间距和峰谷组成的微观几何形状误差。一般是由所采用的加工方法和其他因素造成的。

表面粗糙度是一种微观几何形状误差,它不同于表面宏观形状误差(形状误差)和表面波度误差(中间形状误差)。这三者常在一个表面轮廓叠加出现,如图 3-1 所示。它们的形状一般呈波浪形,符

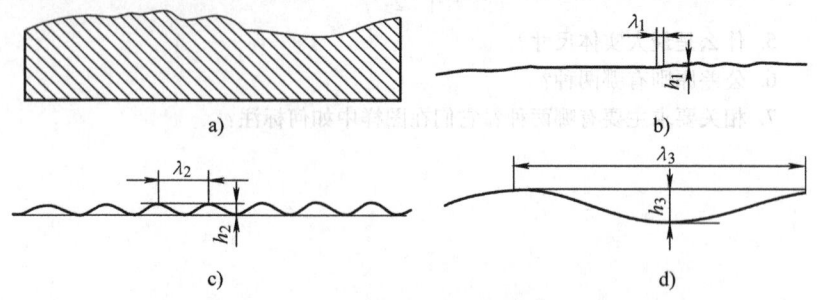

图 3-1 加工误差示意图
a) 表面实际轮廓 b) 表面粗糙度 c) 表面波度 d) 形状误差

号 λ 是间距(或波距)，h 是幅度。我们常以间距的大小来划分这三类误差：间距小于 1mm 的属于表面粗糙度；间距在 1mm～10mm 的属于表面波度；间距大于 10mm 的属于形状误差。

二、表面粗糙度对零件使用性能的影响

1. 对摩擦、磨损的影响

> 表面越粗糙，对零件使用性能影响越不好

两个不平的表面接触时，只能在轮廓的峰顶处发生接触，实际有效接触面积很小，导致单位压力增大，若表面间有相对运动，则峰顶间的接触作用就会对运动产生摩擦阻力，同时使零件产生磨损。一般说，表面越粗糙，摩擦阻力越大，零件的磨损也越快。

2. 对配合性质的影响

对有配合要求的零件表面，无论是哪一类配合，表面粗糙度都影响配合性质的稳定性。如在间隙配合中，会因表面微观形状的凸峰在工作过程中很快磨损而使间隙增大。表面越粗糙所引起的间隙增大量越多，这样就会破坏原有的配合性质。对于联接强度有要求的过盈配合，由于零件经过压入装配后，将粗糙表面的凸峰挤平，减小了实际过盈量，从而降低了零件的联接强度。

3. 对耐腐蚀的影响

表面越粗糙，则积聚在零件表面上的腐蚀性气体或液体也越多，且通过表面的微观凹谷向零件表面层渗透，使腐蚀加剧。

4. 对抗疲劳强度的影响

表面越粗糙，则其凹痕就越深，产生的应力集中现象就越严重，在交变载荷的作用下，其疲劳强度会越低，因而有可能因应力集中产生疲劳断裂。

5. 对接触刚度的影响

零件表面越粗糙，表面间的接触面积就越小，单位面积受力就越大，峰顶处的局部塑性变形就越大，接触刚度降低，进而影响零件的工作精度和抗振性。

6. 对结合密封性的影响

粗糙不平的两个结合表面，仅在局部点上接触，必然产生缝隙，影响密封性。因此，降低零件表面粗糙度数值，可提高其密封性。

此外，表面粗糙度还影响检验零件时的测量不确定性、零件外形的美观等。

第二节　表面粗糙度的评定

一、基本术语

1. 实际轮廓

实际轮廓是平面与实际表面相交所得的轮廓线，如图 3-2 所示。按相截方向的不同，分横向实际轮廓和纵向实际轮廓两种。在评定或测量表面粗糙度时，除非特别指明，通常均指横向实际轮廓，即与加工纹理方向垂直的截面上的轮廓，见图 3-3。

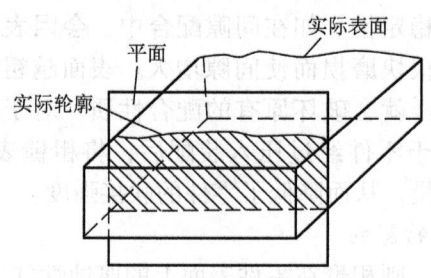

图 3-2　实际轮廓

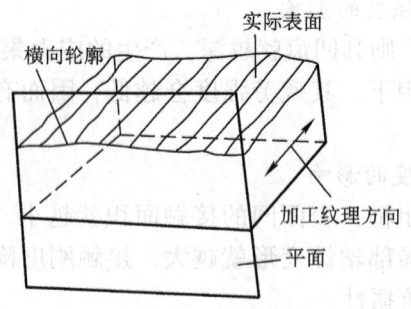

图 3-3　横向实际轮廓

2. 取样长度 l

取样长度是指用于判别具有表面粗糙度特征的一段基准线长度，如图 3-4 所示。规定和选择这段长度是为了限制和减弱表面波度对表面粗糙度测量结果的影响。取样长度过长，有可能将表面波度的成分引入到表面粗糙度的结果中；取样长度过短，将不能反映待测表面粗糙度的实际情况。在取样长度范围内，一般应包含 5 个以上的轮廓峰和轮廓谷。

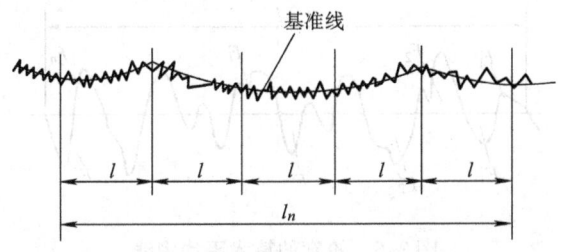

图 3-4 取样长度和评定长度

3. 评定长度 l_n

评定长度是指评定轮廓所必需的一段长度，它可包括一个或几个取样长度，如图 3-4 所示。至于取多少个与加工方法有关，即与加工所得到的表面粗糙度的均匀程度有关。越均匀，所取的个数越少。一般情况下，$l_n = 5l$。

4. 基准线

基准线是指用以评定表面粗糙度参数给定的线，它有两种：

（1）轮廓的最小二乘中线（中线） 具有几何轮廓形状并划分轮廓的基准线，在取样长度内使轮廓线上各点的轮廓偏距 y_i（在测量方向上轮廓线上的点与基准线之间的距离）的平方和为最小（见图 3-5），即

$$\sum_{i=1}^{n} y_i^2 = 最小$$

（2）轮廓的算术平均中线 具有几何轮廓形状，在取样长度内与轮廓走向一致，并划分轮廓，使上、下两边的面积相等的基准线（见图 3-6），即

$$\sum_{i=1}^{n} F_i = \sum_{i=1}^{n} F_i'$$

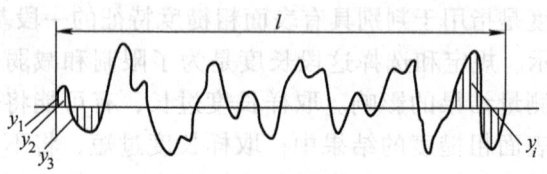

图 3-5 轮廓的最小二乘中线

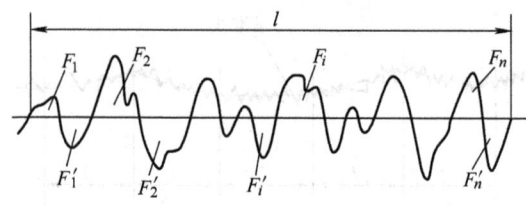

图 3-6 轮廓的算术平均中线

最小二乘中线符合最小二乘原则,从理论上讲是理想的、惟一的基准线,但由于在轮廓图形上确定其位置比较困难,故较少使用。而轮廓的算术平均中线可用目测估计来确定,比较简便,它是确定基准线的一种常用方法。

二、评定参数

> 表面粗糙度的高度评定参数有哪三个?

标准规定,表面粗糙度的高度评定参数应从下面三项中选取:

1. 轮廓算术平均偏差 R_a

轮廓算术平均偏差是指在取样长度 l 内,轮廓偏距绝对值的算术平均值(见图 3-7)。其表达式为 $R_a = \dfrac{1}{n} \sum\limits_{i=1}^{n} |y_i|$

式中 $|y_1|,|y_2|,\cdots,|y_n|$ ——分别为轮廓线上各点的轮廓偏距。

R_a 值越大,表面越粗糙;R_a 值越小,表面越平整。

R_a 参数定义直观,可用轮廓仪方便地测量,且能充分反映表面微观几何形状高度方面的特性,故应用最广泛。

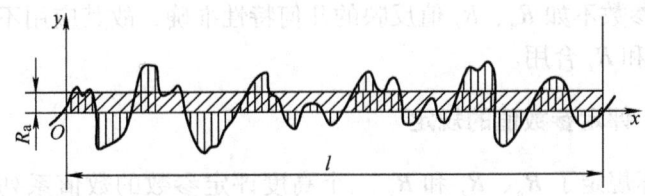

图 3-7　轮廓算术平均偏差 R_a

2. 微观不平度十点高度 R_z

微观不平度十点高度是指在取样长度 l 内，5 个最大的轮廓峰高的平均值与 5 个最大轮廓谷深的平均值之和（见图 3-8）。其表达式为

$$R_z = \frac{\sum_{i=1}^{5} y_{pi} + \sum_{i=1}^{5} y_{vi}}{5}$$

式中　y_{pi}——第 i 个最大的轮廓峰高；

　　　y_{vi}——第 i 个最大的轮廓谷深。

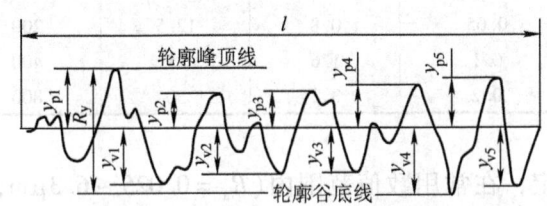

图 3-8　微观不平度十点高度 R_z 和轮廓最大高度 R_y

R_z 参数由于测量点不多，因而反映微观形状高度方面的特性不如 R_a 充分。但由于 R_z 易于在光学仪器上直观地测量，而且计算公式简单，所以也是应用较多的参数。

3. 轮廓最大高度 R_y

轮廓最大高度是指在取样长度 l 内，轮廓峰顶线和轮廓谷底线之间的距离（见图 3-8）。其表达式为 $R_y = y_{pmax} + y_{vmax}$

式中　y_{pmax}——轮廓最大峰高；

　　　y_{vmax}——轮廓最大谷深。

R_y 参数不如 R_a、R_z 值反映的几何特性准确,故其应用不多,一般与 R_a 和 R_z 合用。

三、评定参数值的规定

国标规定了 R_a、R_z 和 R_y 三个高度评定参数的数值系列,分别见表 3-1 和表 3-2。

表 3-1 轮廓算术平均偏差 R_a 的数值　　　　(单位:μm)

R_a	0.012	0.2	3.2	50
	0.025	0.4	6.3	100
	0.05	0.8	12.5	
	0.1	1.6	25	

表 3-2 微观不平度十点高度 R_z 和轮廓最大高度 R_y 的数值

(单位:μm)

R_z, R_y	0.025	0.4	6.3	100	1600
	0.05	0.8	12.5	200	
	0.1	1.6	25	400	
	0.2	3.2	50	800	

国标规定,在常用数值范围内(R_a = 0.025 ~ 6.3μm,R_z = 0.1 ~ 25μm)优先选用 R_a 参数。

第三节　表面粗糙度的符号、代号及标注

一、表面粗糙度符号

> 注意用去除材料和用不去除材料方法两个符号的区别。

国标规定,表面粗糙度在图样上表示的符号有五种,具体形式见表 3-3。

第三章 表面粗糙度

表 3-3 表面粗糙度符号

符号	意义及说明
∨	基本符号，表示表面可用任何方法获得。当不加注粗糙度参数值或有关说明（例如：表面处理、局部热处理状况等）时，仅适用于简化代号标注
∨̄	基本符号加一短划，表示表面是用去除材料的方法获得。例如：车、铣、钻、磨、剪切、抛光、腐蚀、电火花加工、气割等
∨○	基本符号加一小圆，表示表面是用不去除材料的方法获得。例如：铸、锻、冲压变形、热轧、冷轧、粉末冶金等或者是用于保持原供应状况的表面（包括保持上道工序的状况）
∨̄ ∨̄ ∨̄○	在上述三个符号的长边上均可加一横线，用于标注有关参数和说明
∨○ ∨̄○ ∨○○	在上述三个符号上均可加一小圆，表示所有表面具有相同的表面粗糙度要求

二、表面粗糙度代号

在表面粗糙度符号的规定位置上注出表面粗糙度的参数值及其他有关要求，即形成表面粗糙度代号。其注写的位置，如图 3-9 所示。其中，a_1、a_2 表示表面粗糙度高度参数代号及其数值（μm）；b 表示加工要求、镀覆、涂覆、表面处理或其他说明等；c 表示取样长度（mm）或波度（μm）；d 表示加工纹理方向符号；e 表示加工余量（mm）；f 表示表面粗糙度间距参数值（mm）或轮廓支承长度率。

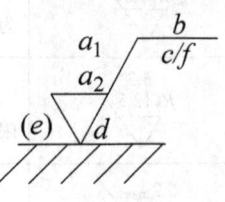

图 3-9 表面粗糙度代号

高度参数是基本的评定参数，必须注出其允许值。当选用轮廓算术平均偏差时，参数值前可不标注参数代号 R_a，只注允许值；当选用 R_z 或 R_y 时，则应在其允许值前加注相应的符号。标准还规定，当表面粗糙度参数的所有实测值允许少于总数的 16% 的实测值超过规定值时，应在图样上注出表面粗糙度参数的上限值或下限值；当要求在表面粗糙度参数的所有实测值中不得超过规定值时，应在图样上注出表面粗糙度参数的最大值或最小值，具体注写示例见表 3-4 所示。

表 3-4 表面粗糙度高度参数标注示例及意义

> 能读懂表面粗糙度代号的意义

代 号	意 义
3.2 ∨	用任何方法获得的表面，R_a 的上限值为 3.2μm
3.2 ▽	用去除材料方法获得的表面，R_a 的上限值为 3.2μm
3.2 ▽○	用不去除材料方法获得的表面，R_a 的上限值为 3.2μm
3.2 1.6 ▽	用去除材料方法获得的表面，R_a 的上限值为 3.2μm，R_a 的下限值为 1.6μm
R_y3.2 ∨	用任何方法获得的表面，R_y 的上限值为 3.2μm
R_z200 ▽○	用不去除材料方法获得的表面，R_z 的上限值为 200μm
R_z3.2 R_z1.6 ▽	用去除材料方法获得的表面，R_z 的上限值为 3.2μm，下限值为 1.6μm
3.2 R_y12.5 ▽	用去除材料方法获得的表面，R_a 的上限值为 3.2μm，R_y 的上限值为 12.5μm
3.2max ∨	用任何方法获得的表面，R_a 的最大值为 3.2μm
3.2max ▽	用去除材料方法获得的表面，R_a 的最大值为 3.2μm
3.2max ▽○	用不去除材料方法获得的表面，R_a 的最大值为 3.2μm

(续)

代号	意义
3.2 max 1.6 min ▽	用去除材料方法获得的表面，R_a 的最大值为 $3.2\mu m$，R_a 的最小值为 $1.6\mu m$
R_y 3.2 max ▽	用任何方法获得的表面，R_y 的最大值为 $3.2\mu m$
R_z 200 max ▽	用不去除材料方法获得的表面，R_z 的最大值为 $200\mu m$
R_z 3.2 max R_z 1.6 min ▽	用去除材料方法获得的表面，R_z 的最大值为 $3.2\mu m$，最小值为 $1.6\mu m$
3.2 max R_y 12.5 max ▽	用去除材料方法获得的表面，R_a 的最大值为 $3.2\mu m$，R_y 的最大值为 $12.5\mu m$

三、表面粗糙度在图样上的标注

1. 规定标注法

1）在图样中，表面粗糙度符号、代号一般注在图样的可见轮廓线、尺寸界线、引出线或它们的延长线上；符号的尖端必须从材料外指向表面，表面粗糙度的参数值写在符号尖角的对面，数值的方向应与尺寸数字方向一致，如图3-10所示。

2）表面粗糙度代号的长边与另一条短边相比，总处于顺时针方向，如图3-10所示。

3）当表面粗糙度代号中带一横线时，代号的书写位置除少数外，应尽可能将符号放正，如图3-11所示。

2. 简化标注法

1）当零件所有表面具有相同的表面粗糙度要求时，可在图样的右上角统一标注（图3-12）。

2）当零件的大部分表面具有相同的表面粗糙度要求时，对其中

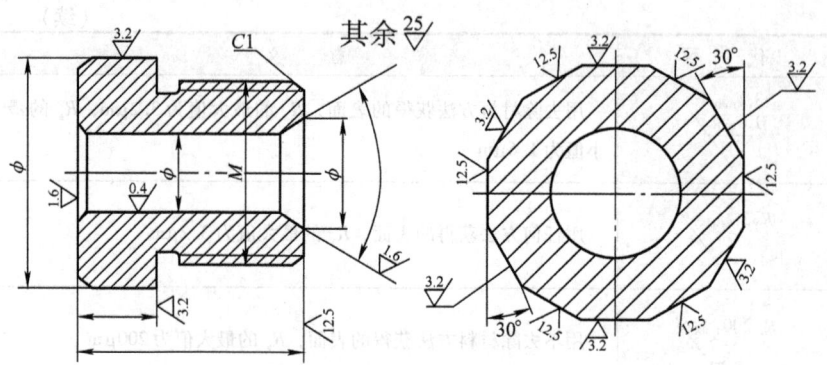

图 3-10　表面粗糙度代号在图样上的标注

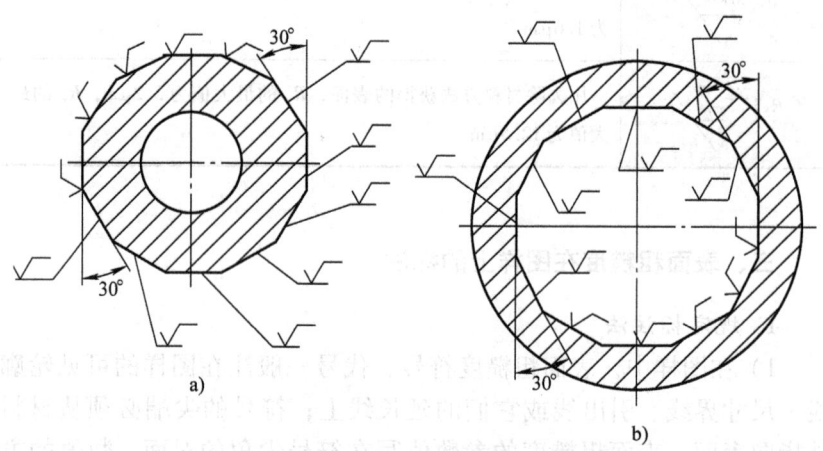

图 3-11　带有横线的表面粗糙度代号的标注

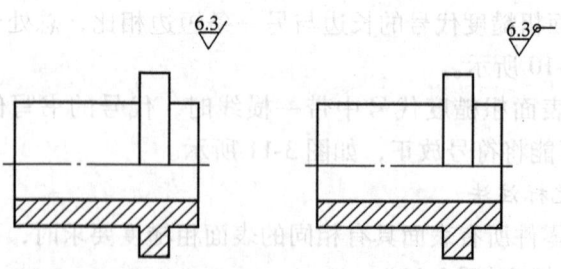

图 3-12　所有表面有相同的表面粗糙度要求的标注

使用最多的一种符号、代号可在图样的右上角统一标注，并加注"其余"两字，如图 3-13 所示。

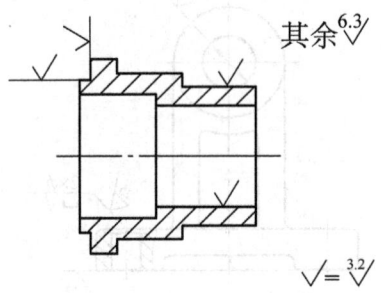

图 3-13　大部分表面有相同的表面粗糙度要求的标注

3）当表面粗糙度代号在标注时位置受到限制时或为了简化标注，可以在图样中标注简化代号，但必须在标题栏附近说明这些代号的意义，如图 3-14a 所示；也可采用省略的注法，如图 3-14b 所示，但也应在标题栏附近说明这些简化符号、代号的意义。

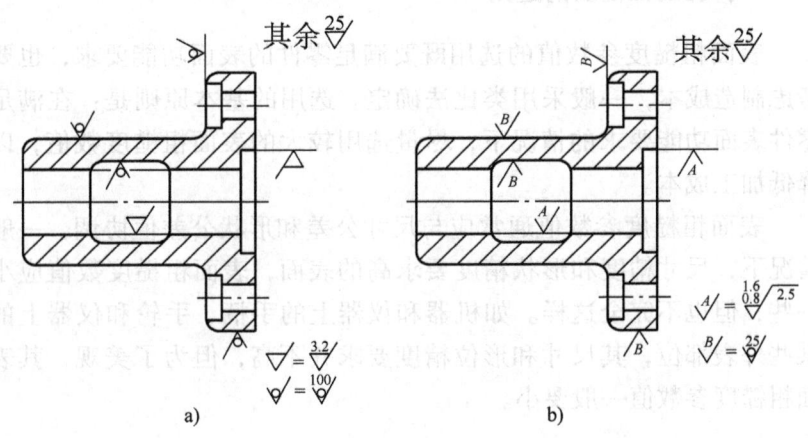

图 3-14　用简化代号标注

4）对于重复要素的表面和连续表面，不需要在所有表面都标注表面粗糙度符号、代号，而只需标注一次（图 3-15）。

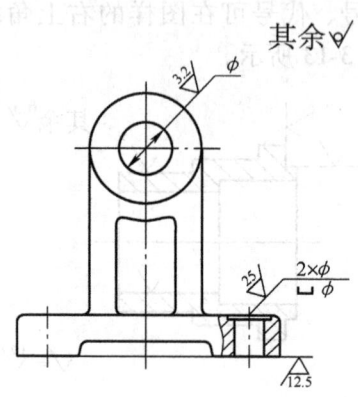

图 3-15 重复要素的表面和连续表面的标注

第四节 表面粗糙度的应用及检测

一、表面粗糙度的选用

表面粗糙度参数值的选用既要满足零件的表面功能要求，也要考虑制造成本，一般采用类比法确定。选用的基本原则是：在满足零件表面功能要求的情况下，尽量选用较大的表面粗糙度数值，以降低加工成本。

表面粗糙度参数值通常应与尺寸公差和形状公差值协调，一般情况下，尺寸精度和形状精度要求高的表面，表面粗糙度数值应小一些，但也不完全这样。如机器和仪器上的手柄、手轮和仪器上的某些外表部位，其尺寸和形位精度要求并不高，但为了美观，其表面粗糙度参数值一般要小。

二、表面粗糙度的检测

1. 比较法

样板可不能随便选用。

比较法是将被测表面与已知高度参数值的表面粗糙度样板进行比较，借助视觉、触觉或放大镜、比较显微镜等工具，判断被测表面粗糙度的一种方法。选择样板时，其材料、形状、加工方法、加工纹理方向等应尽可能与被测表面相同，否则将产生较大的误差。

用比较法评定表面粗糙度，虽然不能精确地得出被测表面的表面粗糙度数值，但由于器具简单，使用方便，能满足一般的生产需要，故常用于生产现场中评定表面粗糙度参数值较大的表面。

2. 光切法

光切法是应用光切原理测量表面粗糙度的一种方法。按光切原理制成的仪器叫光切显微镜。

这种测量方法主要用于测量 R_z 值，其测量范围一般为 $0.5 \sim 60\mu m$，也可用于 R_y 的测量。若要测量 R_a 值也可以，但数据处理十分麻烦，所以，实际生产中很少应用。

3. 干涉法

干涉法是应用光波干涉原理测量表面粗糙度的一种方法。按干涉原理制成的仪器叫干涉显微镜。

该仪器主要用于测量 R_z 值，其测量范围为 $0.032 \sim 0.8\mu m$。

4. 针描法（感触法或轮廓仪法）

针描法是一种接触式测量表面粗糙度的方法。采用此法测量的仪器称为电动轮廓仪。

电动轮廓仪它可直接显示 R_a 值，测量范围为 $0.02 \sim 5\mu m$。针描法测量迅速方便，可直接读出 R_a 值，并能在车间现场使用。因此，应用广泛。

复习思考题

1. 为什么评定表面粗糙度时必须确定一个合理的取样长度？它通常包含几个以上的轮廓峰谷？

2. 表面粗糙度的高度评定参数有哪几个？各用什么符号表示的？哪个应用最广泛？

3. 说明表面粗糙度符号的意义。

4. 画图简要说明标准规定表面粗糙度各参数在代号上的注写位置。
5. 试说明最大值、最小值与上限值、下限值在意义和标注上的区别。
6. 解释下列表面粗糙度代号的意义。

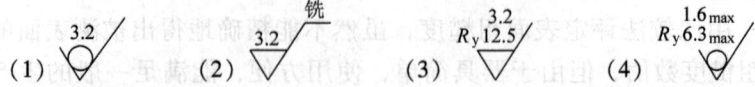

7. 选用表面粗糙度时，一般采取什么方法？其遵守的基本原则是什么？
8. 检测表面粗糙度时有哪几种方法？

第四章

技术测量的基本知识及常用计量器具

培训学习目标 知道法定长度计量单位、英制单位及其两者的换算关系，熟悉游标卡尺、千分尺、百分表、角度尺的结构、原理、使用方法及维护保养方法，并掌握它们的读数方法。

第一节 技术测量的基本知识

要实现互换性，除了合理地规定公差，还需要在加工过程中进行正确的测量或检验，只有通过测量和检验判定为合格的零件，才具有互换性。

一、技术测量的含义

测量是指以确定被测对象的量值而进行的实验过程。在这个实验过程中，通常是将被测的量与作为计量单位的标准量进行比较，从而确定被测几何量是计量单位的倍数或分数的过程。一个完整的测量过程应包括测量对象、计量单位、测量方法和测量精度四个方面要素。

检验是指判断被测量是否在规定极限范围之内，从而判断被测对象是否合格，它不要求得到被测量的具体数值。

检测是指检验和测量的总称。

二、测量要素

1. 测量对象

测量对象主要是指长度、角度、表面粗糙度、几何形状精度和相互位置精度等,它是选用计量器具的主要依据之一。

2. 计量单位

计量单位是指度量同类量值的标准量。

(1) 长度单位

1) 法定长度计量单位 我国采用的是以国际单位制为基础的法定长度计量单位,米(m)是基本单位,其定义是1983年10月在第17届国际计量大会上通过的:米是光在真空中1/299 792 458s的时间间隔内所经过路径的长度。常用法定长度计量单位见表4-1。

表4-1 法定长度计量单位

单位名称	符号	对主单位之比	单位名称	符号	对主单位之比
米	m	主单位	毫米	mm	$10^{-3}(0.001\text{m})$
分米	dm	$10^{-1}(0.1\text{m})$	微米	μm	$10^{-6}(0.000\ 001\text{m})$
厘米	cm	$10^{-2}(0.01\text{m})$			

机械制造中常采用的长度计量单位为毫米(mm),并规定在图样上可不标注其单位符号。例如1m写成1000,6μm写成0.006等。在精密测量中,长度计量单位采用微米(μm),在超精密测量中,长度计量单位采用纳米(nm)。

2) 英制单位 在生产实践中,有时还会遇到英制单位。其进位和名称为:

1 英里(mile) = 1760 码(yd)

1 码 = 3 英尺(ft 或′)

1 英尺 = 12 英寸(in 或″)

> 记住法定长度计量单位与英制单位的换算关系。

法定长度计量单位与英制单位的换算关系是:1in = 25.4mm。

例1 5/16in 等于多少毫米?

解 25.4mm × 5/16 = 7.937mm

例2 12.7mm 等于多少英寸?

解 12.7mm/25.4mm = 1/2in

(2) 平面角单位 从平面内的任意一点引出两条射线,所组成的图形称为平面角或称为角。其计量单位有以下两种:

1) 弧度制:圆周上等于半径长的弧是含有 1 弧度(rad)的弧,而 1 弧度的弧所对的圆心角是 1 弧度的角。以弧度为单位来度量角和弧的制度称为弧度制(图 4-1a)。由于整个圆周的长度为 $2\pi R$(R 为圆的半径),所以整个圆周的圆心角为 2π 弧度。弧度制的单位有弧度和微弧度(μrad)两种,其进位关系是:$1\mu rad = 10^{-6} rad$。

2) 角度制:等于整个圆的三百六十分之一的弧是含有 1 度的弧,而 1°弧所对的圆心角是 1°的角,以度为单位来度量角和弧的制度称为角度制(图 4-1b)。角度制的单位有度(°)、分(′)、秒(″)三种,其进位关系是:1° = 60′, 1′ = 60″。

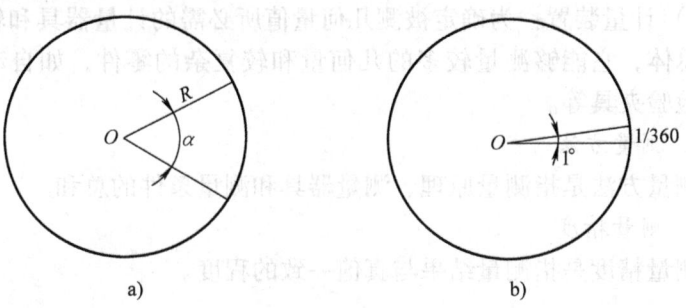

图 4-1 弧度和度的定义

1 圆周 = 360°   1 平角 = 180°   1 直角 = 90°

度和弧度的换算关系如下:

1° = ($\pi/180$)rad = 0.017 453 3rad。

1 rad = (180°/π) ≈ 57°17′45″

例3 50°等于多少弧度?

解 0.017 453rad × 50 = 0.872 65rad

例4 2 rad 等于多少度?

解 57°17′45″ × 2 = 57.295 8° × 2 = 114.591 6° = 114°35′30″

计量器具按结构特点可分为量具、量规、量仪和计量装置等四类。

1）量具：以固定形式复现量值的计量器具，结构比较简单，没有传动放大系统，一般分单值量具和多值量具两种：单值量具是指复现几何量的单个量值的量具，即标准量具，如量块、直角尺等；多值量具是指复现一定范围内的一系列不同量值的量具，即通用量具，如钢尺、游标卡尺、千分尺等。

2）量规：没有刻度的专用计量器具，用以检验零件要素的实际尺寸和形位误差的综合结果是否在规定的范围内。检验结果只能判断被测几何量合格与否，而不能获得被测几何量的具体数值，如用光滑极限量规、位置量规和螺纹量规等检验工件。

3）量仪：将被测几何量的量值转换成可直接观测的指示值（示值）或等效信息的计量器具，一般具有传动放大系统，如指示表、杠杆齿轮比较仪等。

4）计量装置：为确定被测几何量值所必需的计量器具和辅助设备的总体，它能够测量较多的几何量和较复杂的零件，如自动分选机、检验夹具等。

3. 测量方法

测量方法是指测量原理、测量器具和测量条件的总和。

4. 测量精度

测量精度是指测量结果与真值一致的程度。

第二节 游标量具

利用游标和尺身相互配合进行测量和读数的量具，称为游标量具。它结构简单，使用方便，测量范围大，维护保养容易，在机械加工中应用极为广泛。

一、游标卡尺的结构形式和用途

游标卡尺简称卡尺，根据其结构的不同一般可分以下三种形式：三用游标卡尺（图4-2）、双面游标卡尺（图4-3）和单面游标卡尺（图

4-4)。

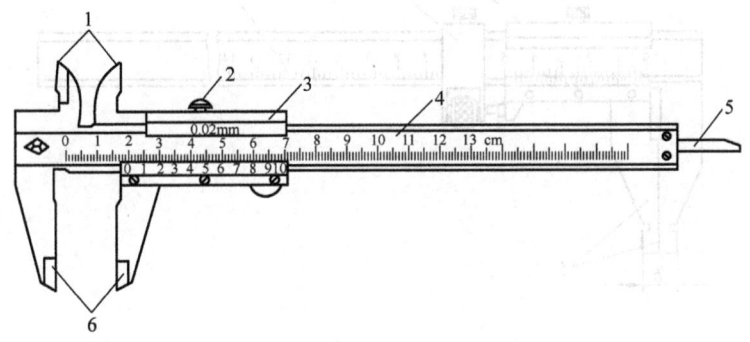

图 4-2 三用游标卡尺
1—内测量爪 2—紧固螺钉 3—游标 4—尺身 5—深度尺 6—外测量爪

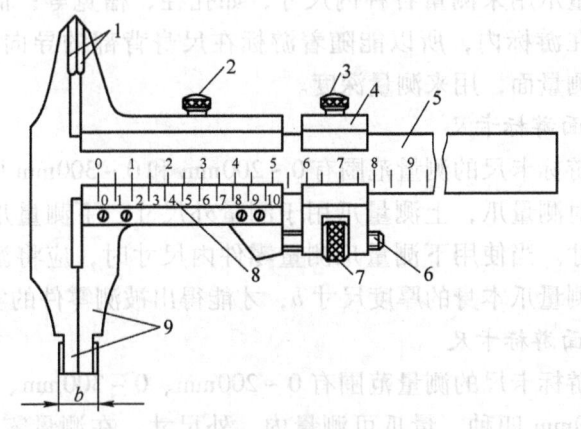

图 4-3 双面游标卡尺
1—刀口外测量爪 2—游标紧固螺钉
3—微动游框紧固螺钉 4—微动游框
5—尺身 6—螺杆 7—螺母 8—游标 9—内外测量爪

1. 三用游标卡尺

三用游标卡尺的测量范围有 0~125mm 和 0~150mm 两种，其结构比较简单，主要由内、外测量爪和深度尺两部分组成。在尺身上刻有间距为 1mm 的刻度，当松开紧固螺钉时，即可进行测量。外测

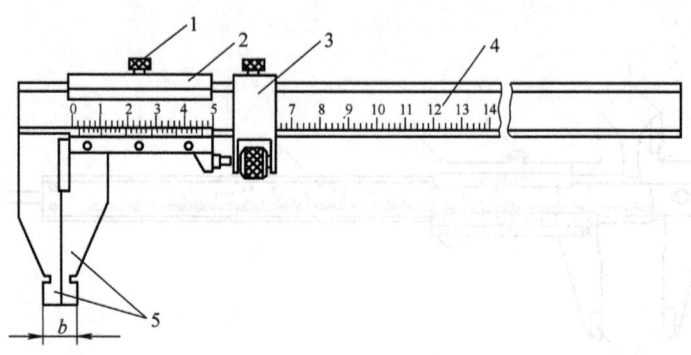

图 4-4 单面游标卡尺
1—紧固螺钉 2—游标 3—微动游框 4—尺身 5—内外测量爪

量爪用来测量各种外尺寸,如圆柱体的外径、长方体的长、宽、高等;内测量爪用来测量各种内尺寸,如孔径、槽宽等;而深度尺的一端固定在游标内,所以能随着游标在尺身背部的导向槽内移动,另一端是测量面,用来测量深度。

2. 双面游标卡尺

双面游标卡尺的测量范围有 0~200mm 和 0~300mm 两种。它有上、下两对测量爪,上测量爪用于测量外尺寸,下测量爪可以测量内、外尺寸。当使用下测量爪测量零件内尺寸时,应将游标卡尺的读数加上测量爪本身的厚度尺寸 b,才能得出被测零件的实际尺寸。

3. 单面游标卡尺

单面游标卡尺的测量范围有 0~200mm、0~300mm、0~500mm 和 0~1000mm 四种。量爪可测量内、外尺寸。在测量零件内径时,应将游标卡尺的读数加上测量爪本身的厚度尺寸 b,才能得出被测零件的实际尺寸。

游标卡尺的用途要记清。

游标卡尺通常用来测量内外尺寸、孔距、壁厚、沟槽及深度等。

二、游标卡尺的刻线原理

游标卡尺的读数部分由尺身和游标组成。其原理是利用尺身刻线间距与游标刻线间距之差来进行小数读数。游标卡尺按其读数值的不同，可分为 0.1mm、0.05mm 和 0.02mm 三种，不管哪一种，尺身刻度都是相同的，即每格 1mm，每大格 10mm，只是游标与尺身相对应的刻线宽度不同。

1. 读数值为 0.1mm 的游标卡尺的刻线原理

尺身每小格为 1mm，当两测量爪合拢时，尺身上 9mm 刚好等于游标 10 格的长度（图 4-5），则游标每格宽度为 9mm/10 = 0.9mm。尺身与游标每格相差 1mm - 0.9mm = 0.1mm。数值 0.1mm 即为该种游标卡尺的刻度值（测量时的读数精度，分度值，刻度值）。

2. 读数值为 0.05mm 的游标卡尺的刻线原理

尺身每小格为 1mm，当两测量爪合拢时，尺身上 19mm 刚好等于游标 20 格的长度（图 4-6），则游标每格宽度为 19mm/20 = 0.95mm，尺身与游标每格相差 1mm - 0.95mm = 0.05mm。另一种是尺身上 39mm 刚好等于游标的 20 格的长度，则游标每格宽度为 39mm/20 = 1.95mm，尺身 2 格与游标 1 格相差 2mm - 1.95mm = 0.05mm，这种刻线方法的优点是线条清晰，容易看准。

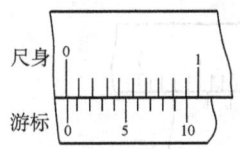 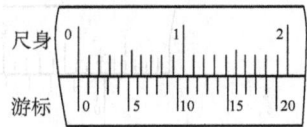

图 4-5 读数值为 0.1mm 的游标卡尺的刻线原理

图 4-6 读数值为 0.05mm 的游标卡尺的刻线原理

3. 读数值为 0.02mm 的游标卡尺的刻线原理

尺身每小格为 1mm，当两测量爪合拢时，尺身上 49mm 刚好等于游标 50 格的长度（图 4-7），则游标每格宽度为 49mm/50 = 0.98mm。尺身与游标每格相差 1mm - 0.98mm = 0.02mm，所以此种

图 4-7 读数值为 0.02mm 的游标卡尺的刻线原理

游标卡尺的读数值为 0.02mm。

> 读数值为 0.02mm 和 0.05mm 的游标卡尺的刻线原理相当重要!

以上三种读数值的游标卡尺中,读数值为 0.02mm 的测量精度最高。

三、游标卡尺的读数方法

用游标卡尺测量时,首先应知道游标卡尺的读数值和测量范围。游标卡尺上的零线是读数的基准。读数时,要同时看清尺身和游标的刻线,两者应结合起来读。具体的读数步骤如下:

(1) 读整数　读出游标零线左边靠近零线最近的尺身刻线数值,该数值就是被测件的整数值。

(2) 读小数　找出与尺身刻线相重合的游标刻线,将其顺序数乘以游标的读数值所得的积,即为被测件的小数值。

(3) 求和　将上面两次读数值相加,就是被测件的整个数值。

读出图 4-8 所示读数值为 0.05mm 的游标卡尺的数值。

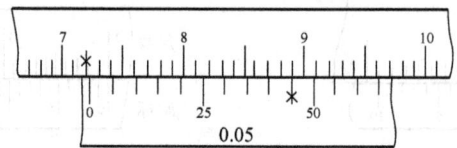

图 4-8　读数值为 0.05mm 的游标卡尺读数示例

1) 读整数:尺身最接近游标零线的刻线是第 72 条刻线,所以整数是 72mm。

2) 读小数:游标上的第 9 条刻线正好与尺身的一刻线相对齐,所以小数是 0.05mm×9=0.45mm。

3) 求和:72mm+0.45mm=72.45mm。

读数值为 0.1mm 和 0.02mm 的游标卡尺的整数部分的读数方法与 0.05mm 游标卡尺基本相同,不同的是小数部分的读数方法。小数部分的数值分别等于与尺身刻线对准的游标刻线顺序数乘以其读数值所得的积。

游标卡尺的读数示例见表 4-2 所示。

第四章 技术测量的基本知识及常用计量器具

表 4-2 游标读数示例 （单位:mm）

游标卡尺读数值	图　　例	读　数　值
0.10		2.30
0.05		8.60
0.02		27.00
0.02		0.02

四、游标卡尺的正确使用

游标卡尺能否正确使用，对测量数值的准确性有着直接影响，因此必须做到：

1）按所测零件的部位和尺寸精度，正确合理地选择游标卡尺的种类和规格。在一般情况下，读数值为 0.02mm 的游标卡尺用于测量公差等级 IT12～IT16 的外尺寸和公差等级 IT14～IT15 的内尺寸。而读数值为 0.05mm 的游标卡尺用于测量公差等级 IT14～IT16 的内、外尺寸。

2）测量前要进行擦拭和检查。测量前先将游标卡尺擦干净，检查工件表面是否有锈蚀、碰伤及影响使用质量的缺陷等。尺框移动应平稳灵活，不应有时松有时紧和明显晃动的现象。深度尺不应有窜动。紧固螺钉的作用应可靠。轻轻推动尺框，使两个量爪合拢，待严密贴合没有明显的漏光缝隙时检查零位。此时游标的零线应与尺身零线对齐，如对不齐，说明存在零位偏差，一般不能使用，应送计量部门检修，不能自己随便调整和使用。如仍要使用，需加修正值。

测量力过大过小均会造成测量误差。

3）测量时要掌握好测量爪与被测表面的接触压力，既不能太大，也不能太小，否则均会产生测量误差。

4）测量时，要使测量爪与被测表面处于正确位置。当测量零件的两平行平面之间的距离时，游标卡尺的测量爪应在被测表面的整个长度上相接触（图4-9），如果测量爪与被测表面歪斜，那么所测的数值就会大于实际数值；当测量圆柱形零件外径尺寸时，必须在垂直于轴线的截面处进行测量，并且量爪上测量面的整个宽度要和被测圆柱体相接触（图4-10）；当测量内孔直径时，应使两量爪的测量线通过孔心，并轻轻摆动找出最大值（图4-11a），如果使用双面游标卡尺或单面游标卡尺测量内径，此时应将游标卡尺上所得的读数加上量爪的厚度才是被测件的实际尺寸（图4-11b）；当测量孔深或高度时，应使深度尺的测量面紧贴孔底，而游标卡尺的端面则应与被测件的表面接触，且深度尺要垂直，不可前后左右歪斜（图4-12）。

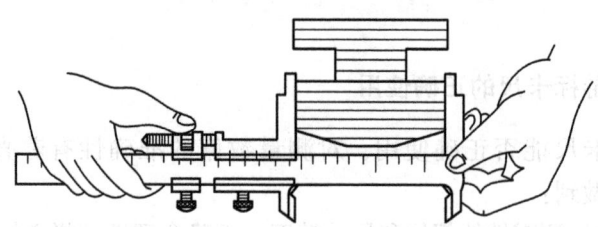

图4-9 用游标卡尺测量平行平面之间距离的测量方法

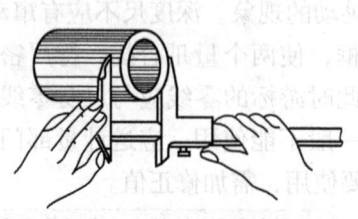

图4-10 用游标卡尺测量圆柱形外尺寸的测量方法

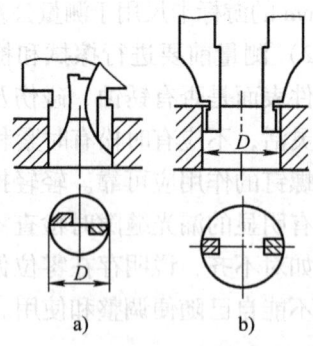

图4-11 用游标卡尺测量内孔直径的测量方法

第四章 技术测量的基本知识及常用计量器具

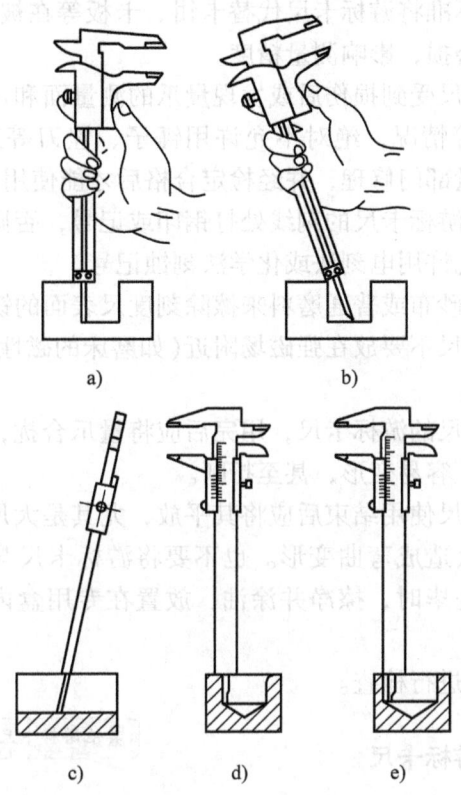

图4-12 用游标卡尺测量孔深或高度的测量方法
a)、d) 正确 b)、c)、e) 错误

5）用带微动装置的游标卡尺测量零件时，应先通过微调螺母使两量爪接触零件表面，然后用紧固螺钉紧固游标，最后把游标卡尺滑出零件进行读数。

6）读数时，卡尺应朝着光亮的方向，使视线尽可能垂直尺面，以免由于视线的歪斜而引起读数误差。也可在工件的同一位置多测量几次，取平均数作为测量结果。

五、游标卡尺的维护保养

1）不准把游标卡尺的两个量爪当作划针、圆规、钩子或螺钉旋具等使用，也不准将游标卡尺代替卡钳、卡板等在被测工件上推拉，以免游标卡尺磨损，影响测量精度。

2) 游标卡尺受到损伤后或发现量爪的测量面和尺身等表面有毛刺、弯曲变形等情况，绝对不允许用锤子、锉刀等工具自行修理，应及时送交计量部门修理，并经检定合格后才能使用。

3) 不可在游标卡尺的刻线处打钢印或记号，否则将造成刻线不准确。必要时允许用电刻法或化学法刻蚀记号。

4) 不可用砂布或普通磨料来擦除刻度尺表面的锈迹和污物。

5) 游标卡尺不要放在强磁场附近（如磨床的磁性工作台上），以免其感受磁性。

6) 带深度尺的游标卡尺，用完后应将量爪合拢，否则较细的深度尺露在外边，容易变形，甚至折断。

7) 游标卡尺使用结束后应将其平放，尤其是大尺寸游标卡尺更应注意，否则会造成弯曲变形。也不要将游标卡尺与其他工具堆放在一起。使用完毕时，擦净并涂油，放置在专用盒内，防止弄脏或生锈。

8) 应定期进行检查。

六、其他游标卡尺

> 其他游标卡尺的用途也应掌握。

1. 深度游标卡尺

深度游标卡尺用于测量孔、槽的深度，台阶的高度等。

深度游标卡尺是由尺身、尺框、紧固螺钉和微动装置等组成（图 4-13），它的测量范围有 0~150mm、0~200mm、0~300mm 和 0~500mm 等。其读数值分别为 0.10mm、0.05mm 和 0.02mm。

用深度游标卡尺测量时，应将尺框的测量面贴在被测件的平面上，轻推尺身向下，当尺身下端面与被测面接触后，即可进行读数（图 4-14），也可用微动装置来测量。

2. 高度游标卡尺

高度游标卡尺用于测量高度或对零件进行划线。

高度游标卡尺由底座、尺身、尺框、微动游框、划线量爪和紧固螺钉等组成（图 4-15），它的测量范围有 0~200mm、0~300mm 和

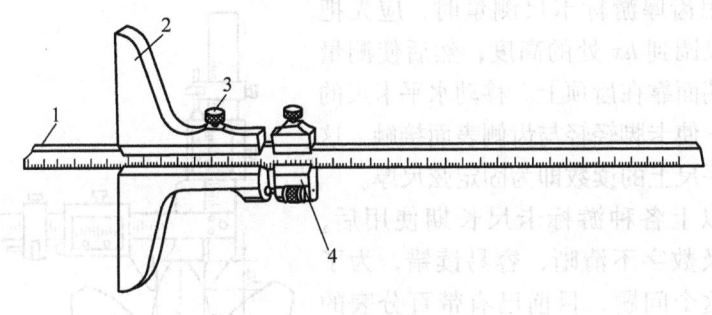

图 4-13 深度游标卡尺
1—尺身 2—尺框 3—紧固螺钉 4—微动装置

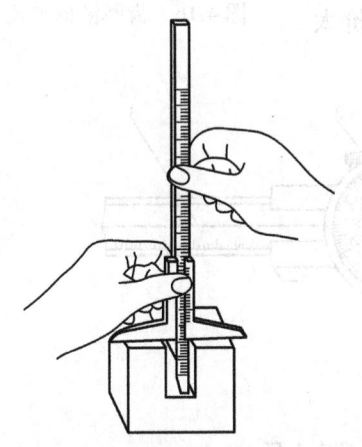

图 4-14 用深度游标卡尺测量槽深的测量方法

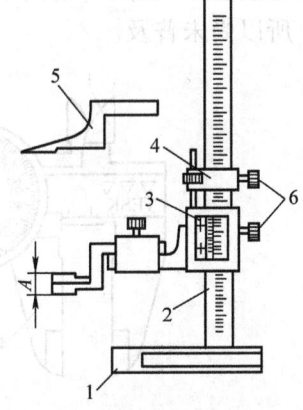

图 4-15 高度游标卡尺
1—底座 2—尺身 3—尺框 4—微动游框 5—划线量爪 6—紧固螺钉

0~1000mm 等。其读数值分别为 0.10mm、0.05mm 和 0.02mm。

用高度游标卡尺测量高度时,必须注意:在测量顶面到底面的距离时,应加上卡脚的厚度尺寸 A。

深度游标卡尺和高度游标卡尺的刻线原理与游标卡尺基本相同。

3. 齿厚游标卡尺

齿厚游标卡尺用于测量直齿、斜齿圆柱齿轮的固定弦齿厚。

齿厚游标卡尺是由两把互相垂直的游标卡尺所组成(图 4-16)。

用齿厚游标卡尺测量时，应先把垂直尺调到 h_x 处的高度，然后使测量爪的端面靠在齿顶上。移动水平卡尺的游标，使卡脚轻轻与齿侧表面接触，这时水平尺上的读数即为固定弦尺厚。

以上各种游标卡尺长期使用后，刻度及数字不清晰，容易读错，为了解决这个问题，目前已有带百分表的游标卡尺（图 4-17）和带数字显示装置的游标卡尺（图 4-18）。在测量时，数值可直接显示出来，只是因其造价太高，所以尚未普及。

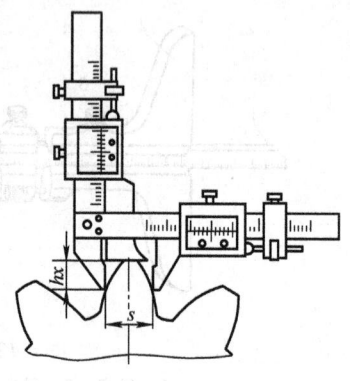

图 4-16　齿厚游标卡尺

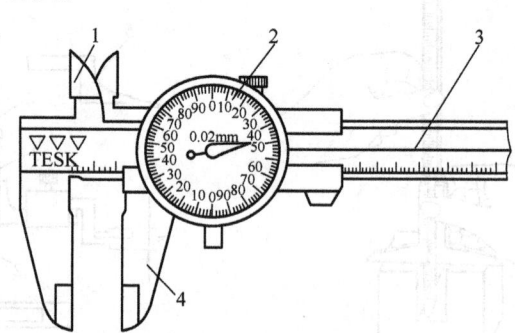

图 4-17　带表卡尺
1—内测量爪　2—百分表　3—毫米标尺　4—外测量爪

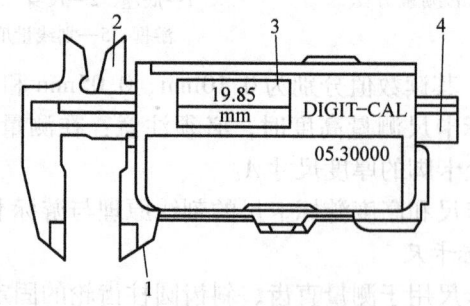

图 4-18　数显卡尺
1—外测量爪　2—内测量爪　3—游框显示机构　4—尺身

第三节 测微螺旋量具

测微螺旋量具是利用螺旋副的运动原理来进行测量和读数的一种装置。它比游标量具测量精度高,使用方便,主要用于测量中等精度的零件。

一、外径千分尺(千分尺)的结构

千分尺的结构如图 4-19 所示,它由尺架、测微装置、测力装置和锁紧装置等组成。

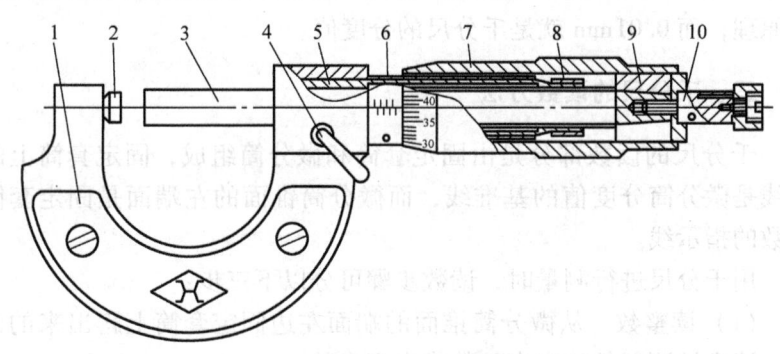

图 4-19 千分尺
1—尺架 2—测砧 3—测微螺杆 4—锁紧装置 5—螺纹轴套
6—固定套筒 7—微分筒 8—螺母 9—接头 10—测力装置

尺架的两侧面上覆盖着绝热板,以防止使用时手的温度影响千分尺的测量精度。测微装置由固定套筒用螺钉固定在螺纹轴套上,并与尺架紧配结合成一体。测微螺杆的一端为测量杆,它的中部外螺纹与螺纹轴套上的内螺纹精密配合,并可通过螺母调节其配合间隙;另一端的外圆锥与接头的内圆锥相配,并通过顶端的内螺纹与测力装置联接。当螺纹旋紧时,测力装置通过垫片紧压接头,而接头上开有轴向槽,能沿着测微螺杆上的外圆锥胀大,使微分筒与测微螺杆和测力装置结合在一起。当旋转测力装置时,就带动测微螺杆和微分筒一起旋转,并沿着精密螺纹的轴线方向运动,使两个测量面之间的距离发生变化。测力装置可控制测量力。锁紧装置用于固定测得的尺寸或需要的尺寸。

二、千分尺的读数原理

> 千分尺的读数原理相当重要。

在千分尺的固定套筒上刻有轴向中线，作为微分筒读数的基准线。在中线的两侧，刻有两排刻线，每排刻线间距为1mm，上下两排相互错开0.5mm。测微螺杆的螺距一般为0.5mm，微分筒的外圆周上刻有50等分的刻度。当微分筒旋转1周(50格)时，测微螺杆轴向移动0.5mm，当微分筒转1格(1/50转)时，测微螺杆轴向移动0.5mm/50＝0.01mm。这就是千分尺的读数装置所以能读出0.01mm的原理，而0.01mm就是千分尺的分度值。

三、千分尺的读数方法

千分尺的读数部分是由固定套筒和微分筒组成，固定套筒上的中线是微分筒分度值的基准线，而微分筒锥面的左端面是固定套筒读数的指示线。

用千分尺进行测量时，读数步骤可分以下三步：

(1) 读整数　从微分筒锥面的端面左边固定套筒上露出来的刻线，读出被测工件的毫米整数或半毫米数。

(2) 读小数　在微分筒上找到与固定套筒基准线对齐的刻线，将此刻线数乘以0.01mm就是被测量的小数部分(＜0.5mm)。如果固定套筒上的0.5mm刻线没露出来，那么微分筒上与基准线重合的那条刻线的数目即是所求的小数；如果固定套筒上的0.5mm刻线已露出来，那么从微分筒上读得的数还要加上0.5mm后，才是所求的小数。

当微分筒上没有任何一条刻线与基准线恰好重合时，应该进行估读到小数点第三位数。

(3) 求和　将上面两次读数值相加，就是被测件的整个数值。

千分尺的读数示例如图4-20所示。

第四章 技术测量的基本知识及常用计量器具

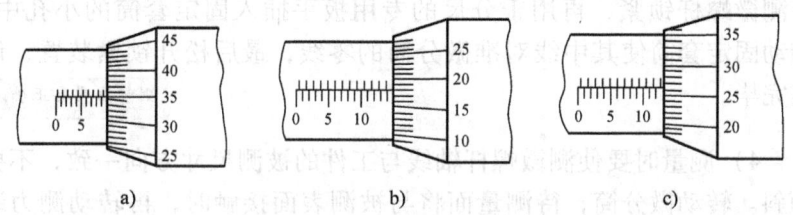

图 4-20 千分尺读数示例

a) 9.35mm b) 14.68mm c) 12.765mm

四、千分尺的测量范围和精度

由于精密测微螺杆在制造上有一定困难，所以一般移动量为 25mm。常用千分尺的测量范围有 0~25mm、25~50mm、50~75mm 等多种。当所测尺寸超过 500mm 以上时，移动量为 100mm，如 500~600mm、600~700mm 等，最大可达 3000mm。

千分尺的制造精度主要由它的示值误差（主要取决于螺纹精度和刻线精度）和测量面的平行度误差决定。按制造精度的不同，千分尺分 0 级和 1 级两种，0 级精度最高，1 级次之。

五、千分尺的正确使用

1）测量不同精度等级的零件，应选用不同精度的千分尺。一般情况下，0 级千分尺适用于测量 IT8 级以下的零件，1 级千分尺适用于测量 IT9 级以下的零件。

2）测量前要进行擦拭和检查。使用前先用清洁纱布将千分尺和被测件表面擦拭干净，然后检查千分尺各活动部分是否灵活可靠。在全行程内微分筒的转动要灵活，测微螺杆的移动要平稳，锁紧装置的作用要可靠。

3）测量前应校对零位。转动千分尺的测力装置上的棘轮，使两个测量面合拢，看测量面间是否密合，同时观察微分筒上的零刻线是否对准固定套筒上的基准线，微分筒锥面的左端面与固定套筒的零刻线是否重合。如果没有的话，说明存在零位偏差，应进行调整。调整时，应先使测砧与测微螺杆的测量面相接触，然后用锁紧装置将测微螺杆锁紧,再用千分尺的专用扳手插入固定套筒的小孔中,转动固定套筒使其中线对准微分筒的零线,最后松开锁紧装置,调整完毕。

> 测量位置要正确。

4)测量时要使测微螺杆轴线与工件的被测尺寸方向一致,不要倾斜。转动微分筒,待测量面将与被测表面接触时,再转动测力装置,使测微螺杆的测量面接触工件表面,听到 2~3 声"咔、咔"响声后方能进行读数,这时最好在被测件上直接读数。如果必须取下千分尺读数时,要用锁紧装置把测微螺杆锁住再轻轻将千分尺滑出,见图 4-21。

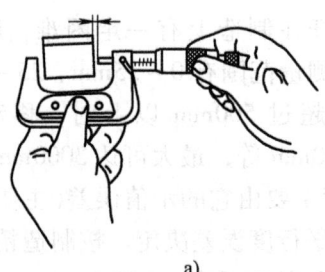

a)

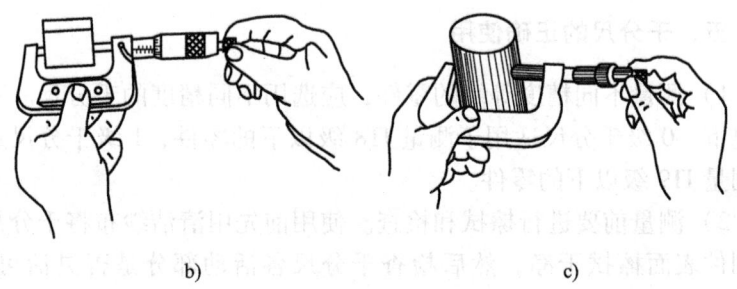

b)　　　　　　　　　　c)

图 4-21　用千分尺测量零件
a)转动微分筒　b)转动棘轮　c)测出工件外径尺寸

5)测量较大零件时,有条件的可把零件放在 V 形架或平板上,采用双手操作法,左手拿住尺架的隔热装置,右手用两指旋转测力装置的棘轮。

6)测量时应注意温度的影响,防止手温或其他热源的影响。使

第四章 技术测量的基本知识及常用计量器具

用大规格的千分尺时，更要严格进行等温处理。

7) 读整时，当心错读一圈。

六、千分尺的维护保养

1) 使用千分尺时不可测量粗糙的表面，也不能测量正在运动着的零件。不能将千分尺当卡规使用，以防划坏千分尺的测量面。

2) 千分尺要轻拿轻放，不得摔碰。万一受到撞击或由于脏物进入到测微螺杆内造成旋转不灵时，不要强力继续旋转，也不能自行拆卸，应立即送交计量部门进行检查和调整。

3) 不允许用砂布和金刚石擦拭测微螺杆上的污垢。

4) 不许手握千分尺的微分筒旋转晃动，以防止测微螺杆过快磨损或测量面互相撞击。

5) 不能在千分尺的微分筒和固定套筒之间加酒精、煤油、柴油、凡士林和普通润滑油等，也不允许将千分尺浸泡在上述油类及酒精中。如发现有上述物质浸入，要用汽油清洗，再涂上特种轻质润滑油。

6) 千分尺要保持清洁。测量完后，用软布或棉纱等将其擦干净，放入盒中。长期不用的应涂防锈油，并要注意勿使两测量面贴合在一起，以免锈蚀。

7) 为了保持千分尺的精度，必须进行定期检定。

> 一般不需涂防锈油。

七、其他测微螺旋量具

1. 内径千分尺

内径千分尺分普通内径千分尺和杠杆内径千分尺两种。

1) 普通内径千分尺　普通内径千分尺主要用来测量零件的沟槽宽度、浅孔直径、浅槽和空隙的宽度等。普通内径千分尺是由微分头和两个柱面形的测量爪等组成的（图4-22）。

普通内径千分尺的读数方法与外径千分尺相同，但测量和读数方向与外径千分尺相反。由于它测量轴线不在基准轴线的延长线上，

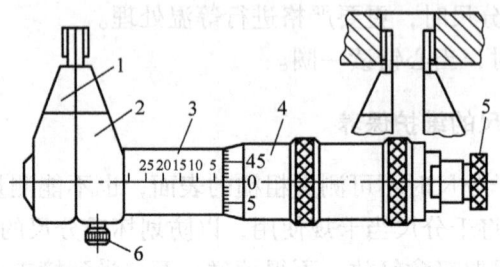

图 4-22 普通内径千分尺
1—固定测量爪　2—活动测量爪　3—固定套筒
4—微分筒　5—测力装置　6—紧固螺钉

因此测量精度较低。普通内径千分尺的分度值为 0.01mm，测量范围有 5～30mm 或 5～25mm、25～50mm 和 50～75mm 等多种。

2）杠杆内径千分尺　杠杆内径千分尺是用于测量 50mm 以上的内径、槽宽等尺寸的。

杠杆内径千分尺是由微分头和接长杆等两部分组成的（图 4-23）。

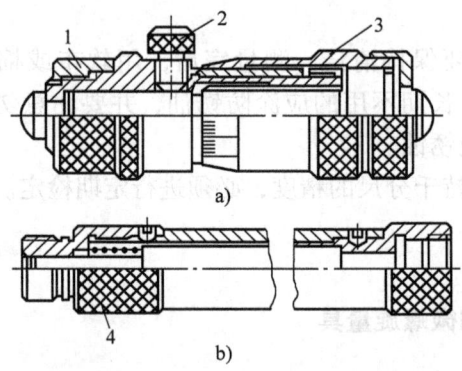

图 4-23　杠杆内径千分尺
1—保护螺母　2—紧固手柄　3—微分筒　4—接长杆

杠杆内径千分尺的微分头结构原理和读数方法与外径千分尺相同，微分头可单独使用，但测量范围小，只可测量 50～75mm 范围的孔径。为了扩大其测量范围，杠杆内径千分尺附有成套接长杆，测量范围有 50～175mm、50～250mm、50～300mm、50～575mm 和

50～1500mm 等多种。联接时，去掉保护螺母，把接长杆右端与杠杆内径千分尺的左端旋合，可联接多个接长杆，直到满足需要为止。杠杆内径千分尺测量和读数方向与外径千分尺相反。

> 内径千分尺的测量和读数方向与外径千分尺相反。

由于杠杆内径千分尺没有测力装置，测量时安放的位置又不可能毫无歪斜，尺寸接长了以后会产生一定的弯曲现象，这些都会给杠杆内径千分尺增加测量误差，造成测量精度不高。为减少测量误差，应在径向截面内找最大值，轴向截面内找最小值。

2. 深度千分尺

深度千分尺用于测量通孔、不通孔、阶梯孔和槽的深度，也可以测量台阶高度和平面之间的距离等。

深度千分尺的结构、读数原理和读数方法与外径千分尺基本相同，只是用底板代替了尺架和固定测砧（图4-24）。带有固定式测杆的深度千分尺，其测量范围为 0～25mm、25～50mm、50～75mm、75～100mm 四种尺寸；带有可换式测杆的深度千分尺，其测量范围为 0～100mm 和 0～150mm 两种。

用深度千分尺测量时，以底板测量面作为基准面，测杆的长度可根据零件的尺寸不同进行调换。

3. 螺纹千分尺

螺纹千分尺主要用于测量螺纹的中径。

螺纹千分尺其结构与外径千分尺相似，只是测砧和测量头的形状有所不同（图4-25）。测量时，应根据被测螺纹的螺距选用相应测量头，使V形测量头与螺纹牙型的凸起部分相吻合，锥形测量头与螺纹牙

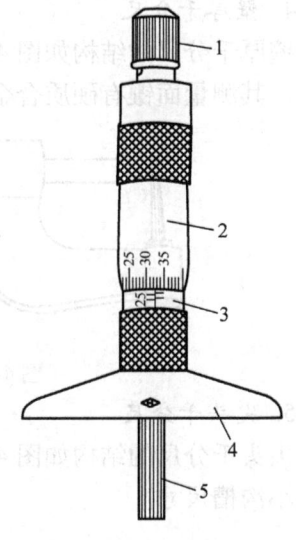

图4-24 深度千分尺
1—测力装置 2—微分筒 3—固定套筒 4—底板 5—可换测杆

型沟槽部分相吻合,从固定套筒和微分筒上读出螺纹中径尺寸。

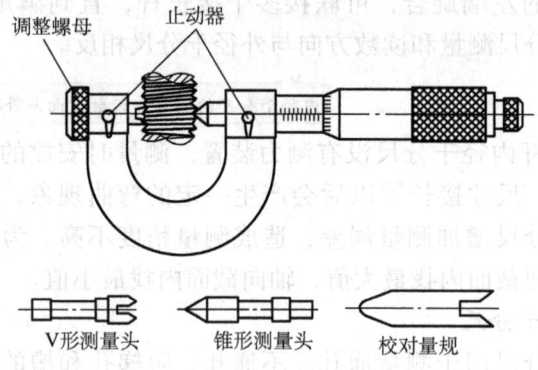

图 4-25　螺纹千分尺

4. 壁厚千分尺

壁厚千分尺的结构如图 4-26 所示。用它可测量管形零件的壁厚尺寸,其测量面镶有硬质合金,以提高寿命。

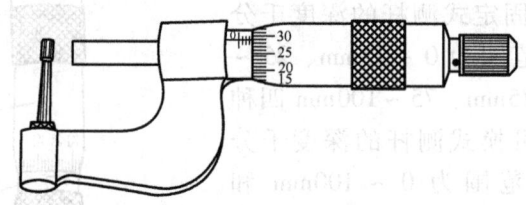

图 4-26　壁厚千分尺

5. 尖头千分尺

尖头千分尺的结构如图 4-27 所示。用它测量普通千分尺不能测量的小沟槽尺寸。

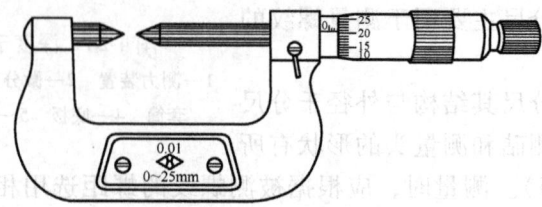

图 4-27　尖头千分尺

第四章 技术测量的基本知识及常用计量器具

6. 公法线千分尺

公法线千分尺的结构如图 4-28 所示。用它测量外啮合圆柱齿轮的公法线长度。

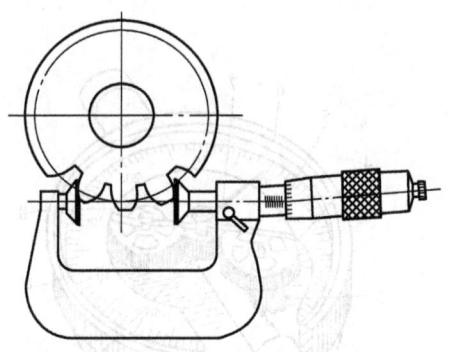

图 4-28　公法线千分尺

以上各种千分尺的分度值都是 0.01mm，读尺寸时都比较麻烦，目前生产的数显千分尺就较为方便，当千分尺在零件上量得尺寸时，其尺寸就会在微分筒窗口上显示出来（图 4-29）。

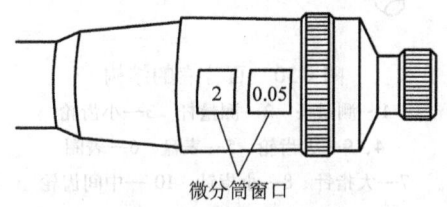

图 4-29　数显千分尺

第四节　机械式量仪

机械式量仪是借助杠杆、齿轮、齿条或扭簧的传动，将测量杆的微小位移经传动和放大机构转变为表盘上指针的角位移，从而指示出相应的数值。

一、百分表

1. 百分表的结构

百分表的结构如图 4-30 所示。它由表体部分、传动部分和读数装置等组成。测量时，被测零件尺寸的变化引起测量头的微小位移，经传动装置转变成读数装置中大指针的转动，被测读数可从刻度盘上读出。

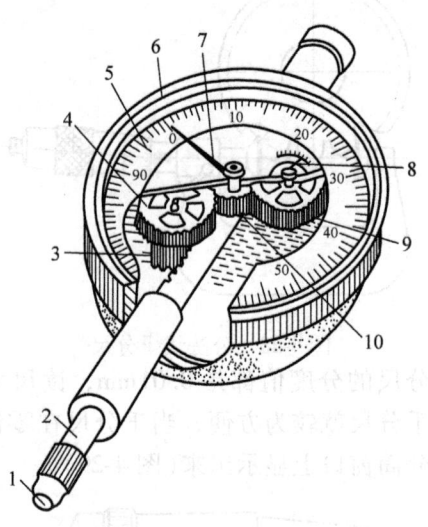

图 4-30　百分表的结构
1—测量头　2—测量杆　3—小齿轮
4，9—大齿轮　5—表盘　6—表圈
7—大指针　8—小指针　10—中间齿轮

2. 百分表的工作原理

百分表的工作原理是将测量杆的直线位移，经过齿条与齿轮传动，转变为指针的角位移。其传动原理如图 4-31 所示。

测量时，测量杆作直线移动，测量杆上的齿条就带动小齿轮 z_2 旋转。当测量杆上升 1mm 时，齿条上升 1mm/0.625 = 1.6 齿（齿条的齿距为 0.625mm）。齿轮 z_2 的齿数是 16 齿，所以齿条推动齿轮 z_2 转动 1/10 周，而与 z_2 固定在同一轴上的大齿轮 z_3 的齿数是 100 齿，所以 z_3 转过 100×1/10 = 10 齿。中间齿轮 z_1 的齿数是 10 齿，经 z_3 带动 z_1 以及固定在同一轴上的大指针正好转 1 周。刻度盘圆周上刻成 100 等分，当测量杆移动 1mm 时，大指针转动 100 格。由此可知，

第四章 技术测量的基本知识及常用计量器具

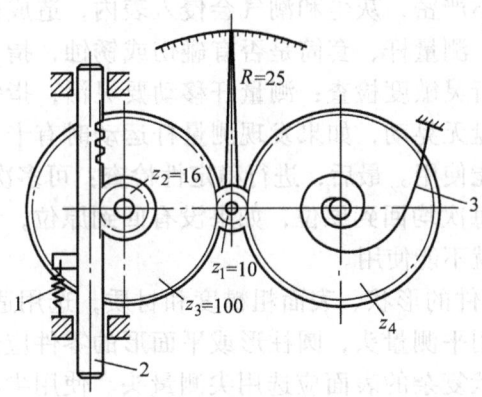

图4-31 百分表的传动原理
1—复位弹簧 2—测量杆 3—细丝弹簧

大指针转过1格,就相当于测量杆移动0.01mm。

> 百分表的分度值是0.01mm。

齿轮传动是有间隙的,为了消除齿轮传动系统中由于齿侧间隙而引起的测量误差,在百分表内装有细丝弹簧,由此产生的扭转力矩作用在大齿轮z_4上,大齿轮z_4和中间齿轮z_1啮合,这样可以保证齿轮在正反转时都在齿的同一侧面啮合,因而可消除齿侧间隙的影响。大齿轮z_4的轴上装有小指针,以显示大指针的转数。复位弹簧使测量杆保持在一定位置,测量时可产生一定的测量力。

3. 百分表的测量范围和精度

百分表的测量范围分为0~3mm、0~5mm、0~10mm等。精度等级分为0级、1级和2级。0级精度最高,2级精度最低。

4. 百分表的使用注意事项

1)根据被测零件的尺寸和精度要求来选择合适的百分表。一般百分表在全部行程范围内作绝对测量时,可测定标准公差等级为IT12~IT14的零件。在任意0.1mm内用6等量块作相对测量时,可测量标准公差等级为IT9~IT11的零件。

2)测量前须检查百分表,以免在测量中发生不应有的误差。首先,应进行外观检查:表盘玻璃是否破裂或脱落,后盖封得是否严密，如果封得不严密，灰尘和潮气会侵入表内，造成内部零件发生锈蚀。测量头、测量杆、套筒是否有碰伤或锈蚀，指针有无松动现象。然后，进行灵敏度检查：测量杆移动要灵活，指针与字盘应无摩擦，而且字盘无晃动，如果发现测量杆运动时有卡住或表针有跳动现象，就不能使用。最后，进行稳定性检查：可多次拨动测量头，察看指针是否每次均回到原位，如果没有回到原位，说明百分表的稳定性不好，就不能使用。

3）根据零件的形状、表面粗糙度和材质，选用适当的测量头。球形零件应选用平测量头，圆柱形或平面形的零件应选用球面测量头，凹面或形状复杂的表面应选用尖测量头。使用尖测量头时，应注意避免划伤零件表面。

4）使用前将百分表牢固地装夹在表架上，夹紧力要适当，不宜过大或过小。过大使装夹套筒变形卡住测量杆，测量杆移动不灵活；过小百分表卡不住，容易掉下来摔坏。

5）测量时，应使测量杆垂直被测工件表面；测量圆柱形工件时，测量杆的轴线要垂直通过被测工件的轴线，否则将产生测量误差。

> 注意测量杆的位置要正确。

6）在测量头与被测表面开始接触时，测量杆就应压缩 0.3～1mm，以保持一定的起始测量力，避免有负偏差时得不到测量数据。

7）测量时，要轻提测量杆，移动工件至测量头下面，再缓慢放下与被测表面接触，不许急速放下测量杆，也不准将工件强行推入至测量头下。

5. 百分表的用途

百分表不仅能用于相对测量，也能用于绝对测量。使用百分表座及专用夹具，可对长度尺寸进行相对测量：测量前，先用标准件或量块校对百分表，转动表圈，使表盘的零刻线对准指针；然后再测量工件，根据百分表中读出的工件尺寸相对标准件或量块的偏差值，再加上预调的标准尺寸即为被测工件尺寸。

> 用百分表测量外尺寸采用的是相对法。

使用百分表及相应附件还可测量工件的形位误差，也可用于检

第四章 技术测量的基本知识及常用计量器具

验机床设备的几何精度或调整工件的装夹位置以及作为某些测量装置的测量元件。

6. 百分表的维护保养

1）使用百分表时要轻拿轻放，不要使表受到剧烈的振动和撞击，也不要敲打表的任何部位。

2）提压测量杆的次数不能过多，距离不要过大，以免损坏机件及加剧零件磨损。

3）测量时，测量杆的行程不要超过它的示值范围，以免损坏表内零件。

4）测量时不要拿测量杆，测量杆上不能压放其他东西，以免其弯曲变形。

5）表架要放稳，以免百分表落地摔坏。使用磁性表座时要注意表座的旋钮位置。

6）严防水、油、灰尘等进入表内，不允许随便拆卸表的后盖。

7）如果不是长期保管，测量杆不准涂凡士林或其他油类，以免影响测量杆移动的灵活性。

一般不涂防锈油。

8）百分表使用完毕，要擦净放回盒内，让测量杆处于自由状态，避免表内弹簧失效。

二、杠杆百分表

1. 杠杆百分表的结构

杠杆百分表由壳体、传动机构和读数机构等构成。按照表盘位置与测量杆运动方向的关系，可分为正面式杠杆百分表（图4-32）、侧面式杠杆百分表（图4-33）和端面式杠杆百分表（图4-34）三种。

2. 杠杆百分表工作原理

杠杆百分表是利用杠杆与齿轮传动机构或杠杆与螺旋传动机构，将尺寸的变化转变为指针角位移，其传动原理如图4-35所示。杠杆百分表的分度值为0.01mm，测量范围有0~0.8mm和0~1mm两种。

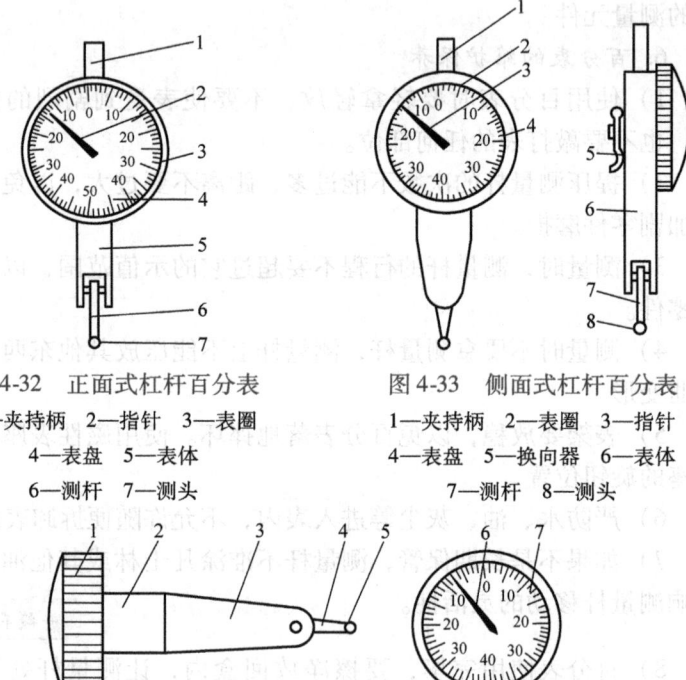

图 4-32　正面式杠杆百分表
1—夹持柄　2—指针　3—表圈
4—表盘　5—表体
6—测杆　7—测头

图 4-33　侧面式杠杆百分表
1—夹持柄　2—表圈　3—指针
4—表盘　5—换向器　6—表体
7—测杆　8—测头

图 4-34　端面式杠杆百分表
1—表圈　2—夹持柄　3—表体　4—测杆　5—测头
6—指针　7—表盘

杠杆百分表的外壳侧面，装有测力换向机构，当需要改变杠杆测头的摆动方向时，只要扳动扳手即可。

3. 杠杆百分表的用途

杠杆百分表主要测量工件的形状或位置误差，也可以用比较法测量零件的长度尺寸。由于它体积小，重量轻，杠杆测头的位移方向可以改变，因而使用方便，尤其对凹槽或小孔等工件表面，因受空间限制用百分表放不进去或测杆无法垂直于被测表面，这时使用杠杆百分表就显出它的独特作用了。

> 这是杠杆百分表的特点。

4. 杠杆百分表的使用方法

在使用杠杆百分表时,除了必须遵守百分表合理的使用方法外,还需注意以下几点:

1) 夹持杠杆百分表的表架要可靠,且要求有足够的刚度。为防止变形引起的测量误差,悬臂伸出的长度应尽量短,如需调整表的位置,要先松开紧固螺钉,再转动轴套,不能直接扭动表体。

2) 使用前,应检查球形测头,如果已被磨出平面,不应再继续使用。

3) 测量时,应使测杆轴线与被测表面保持平行,即使杠杆测头轴线与测量线垂直,以避免杠杆比发生变化后引起测量上的误差,如图 4-36 所示。如由于某种原因,杠杆测头轴线不能与测量线垂直时,测量结果应按下式进行修正

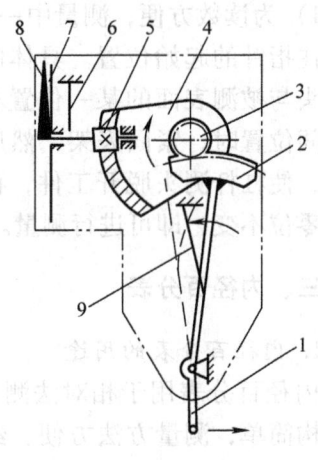

图 4-35 杠杆百分表传动机构原理
1—测量杆 2—扇形齿轮 3,5—轴齿轮
4—端面齿轮 6—游丝 7—表盘
8—指针 9—弹簧钢丝

$$L_1 = L\cos\alpha$$

式中 L_1——实际值(mm);
    L——测量值(mm);
    α——杠杆测头轴线与被测表面的夹角。

注意测杆轴线的测量位置。

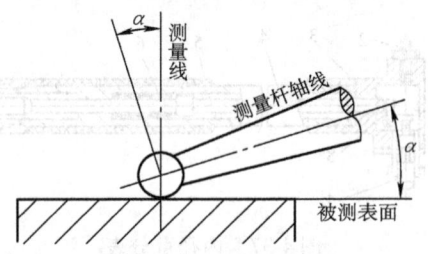

图 4-36 杠杆百分表的使用

4）为读数方便，测量中一般都对准零位，如预先没对零位的表要记住指针的起始位置。具体的对零位的方法是：装夹完毕后，使表测头与被测表面的某一位置相接触，待指针压缩到该表测量范围的中间位置时，紧固表架，然后转动表盘使零线与指针重合。退出表架，使杠杆测头脱开工件，再重新接触，如此反复数次，杠杆百分表零位不变，即可进行测量。

三、内径百分表

1. 内径百分表的用途

内径百分表用于相对法测量孔径及其几何形状误差。由于该量仪结构简单，测量方法方便，经一次调整后可测量基本尺寸相同的若干个孔而中途不需调整，特别是较深的孔，用内径百分表测量起来很方便。

2. 内径百分表的结构

内径百分表由百分表和专用表架组成。带定位护桥内径百分表的构造如图 4-37 所示，百分表的测量杆始终与传动杆接触，弹簧 6 是控制测量力的，并经传动杆、杠杆向外顶住活动测头。测量时，活动测头的移动使杠杆回转，通过传动杆推动百分表的测量杆，使百分表指针回转。由于杠杆是等臂的，即杠杆传动机构的传动比为 1，所以，百分表的测量杆、传动杆及活动测头三者的移动量是相同的，也就是当活动测头移动 1mm 时，传动杆也移动 1mm，推动百分表指针旋转 1 圈，这样，活动测头的移动量就可以在百分表上读出来。

定位装置起着找正直径位置的作用。活动测头和可换测头同轴，

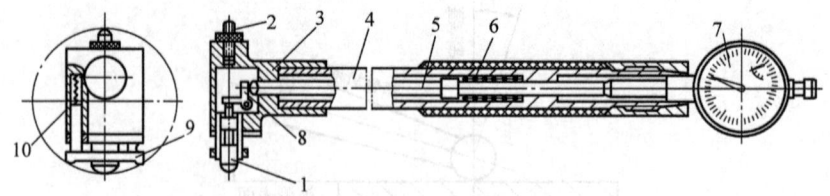

图 4-37　内径百分表
1—活动测头　2—可换测头　3—表架头　4—表架套杆　5—传动杆
6—测力弹簧　7—百分表　8—杠杆　9—定位装置　10—定位弹簧

第四章 技术测量的基本知识及常用计量器具

其轴线位于定位装置的中心对称平面上,由于定位弹簧的推力作用,使孔的直径处于定位装置的中心对称平面上,因而保证了可换测头与活动测头的轴线与被测孔的直径重合。

活动测头的移动量很小,其测量范围可以采用更换或调整可换测头的长度来达到。内径百分表的规格有:10～18mm、18～35mm、35～50mm、50～100mm、100～160mm、160～250mm 和 250～450mm 等几种。各种规格的内径百分表均各有整套可换测头,且在测头上标有测量范围,使用时可按所测尺寸的大小自行选换。

用内径百分表测量孔径属于相对测量法。测量前,应根据被测孔径的大小,用千分尺或其他量具将其调整好才能使用。

> 内径百分表测量孔径是相对测量法。

3. 内径百分表的使用方法

1)测量前,要根据被测孔径的尺寸和精度来选择内径百分表的规格和级别。1 级内径百分表适用于测量标准公差等级为 IT8～IT9 级的孔,2 级内径百分表适用于测量标准公差等级为 IT9 级的孔。

2)测量前,应根据被测尺寸,选取一个相应尺寸的可换测头装到表架上,并尽量使活动测头在活动范围内的中间位置使用,这样杠杆误差很小。

3)用标准环或量规调整尺寸时,应首先检查百分表的灵敏度和稳定性,然后将活动测头先放入标准环内,再放入可换测头,使测杆与孔壁垂直,找出指针的"拐点",即指针指示的最小值处,转动百分表刻度盘,使零线与指针的"拐点"相重合。再摆动几次,检查零位是否稳定。对好零位后,把内径百分表从标准环内取出。

4)测量孔径的操作方法与调整尺寸时相同。被测尺寸等于调整尺寸与百分表指示值的代数和。读数时,如果指针正好指在零位,说明被测孔径与标准环的尺寸相等;若指针按顺时针方向离开零位,表示被测孔径小于标准环的孔径;若指针按逆时针方向离开零位,表示被测孔径大于标准环的孔径。

4. 内径百分表的维护保养

1)使用内径百分表测量时,要轻拿轻放,以防破坏调整好的尺寸。在测量过程中要经常校对零位。

2）测量时不要用力过大或过快地按压活动测头，不要使活动测头受到剧烈振动。

3）装卸百分表时，不允许硬性地插入或拔出。

4）测量完毕，要把百分表、可换测头取下擦净，并在测头上涂好防锈油后放入盒内，保管在干燥的地方。

第五节 角 度 尺

一、直角尺

1. 直角尺的结构形式

常用直角尺的结构形式有圆柱角尺、刀口形角尺和宽座角尺等几种，如图 4-38 所示。其中宽座角尺结构简单，使用方便，可以测量工件的内、外角，在生产中应用比较广泛。

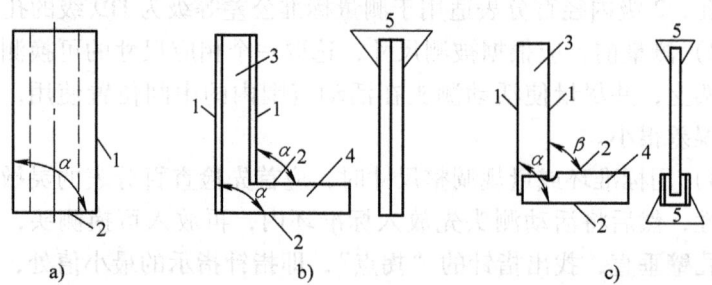

图 4-38 直角尺的结构形式
a）圆柱角尺 b）刀口形角尺 c）宽座角尺
1—测量面 2—基面 3—长边 4—短边 5—侧面

2. 直角尺的用途

直角尺主要用于检验 90° 的外角或内角，测量垂直度误差，检查机床仪器的精度和划线等。

直角尺的制造精度分为 00、0、1 级和 2 级四个级别。00 级精度最高，2 级精度最低。00 级、0 级用于检测精密仪器的垂直度误差，也用于检定1级或2级直角尺,1级用于检测精密工件,2级用于检测一般工件。

3. 直角尺的使用方法

1)测量前,应根据被测件的尺寸和精度要求,选择直角尺的规格和精度等级。

2)测量前,应检查直角尺的工作面和边缘是否有碰伤、毛刺等明显缺陷,将直角尺的工作面和被测零件表面擦净。

3)测量时,先将直角尺的短边放在辅助基准表面(或平板)上,再将长边轻轻地靠拢被测工件表面,不要碰撞。观察直角尺与被测表面之间的间隙大小和间隙出现的部位,再根据透光间隙的大小和出现间隙的部位来判断被测部位的垂直度误差。一般情况下,不外乎以下五种:无光,中间部位有少光,两端有少光,上端有光,下端有光。第一种情况说明被测面不仅平面度符合要求,而且与基准面垂直;第二、三种情况说明垂直度符合要求,但平面度没达到要求;后两种情况说明有垂直度误差。

4)在实际生产中,也可用塞尺和量块分别在直角尺的长边接近顶端处或低端处测量。这时,塞尺或量块组尺寸的最大差值即为被测件的垂直度误差。

4. 直角尺的维护保养

1)在使用直角尺的过程中,要一手托短边,一手扶长边进行检测。使用中,绝不允许手提长边搬动直角尺或将直角尺倒放,以防变形,影响精度。

2)直角尺的使用精度与检测时所用的平板精度有关,使用时应注意合理使用。

3)使用直角尺时要注意,它的长边测量面和短边测量面是工作面,测量时只能用这两个面,而不能用长边和短边的侧面或侧棱。直角尺是一种比较精密的量具,使用过程中应避免磕碰。

4)使用完毕后,应将直角尺擦洗干净、涂油保养。

二、游标万能角度尺

1. 游标万能角度尺的结构形式

游标万能角度尺主要用于测量各种工件的内外角度,按其尺身的形状可分为扇形(Ⅰ型)和圆形(Ⅱ型)两种。

(1) Ⅰ型游标万能角度尺　Ⅰ型游标万能角度尺的结构如图4-39所示。游标固定在扇形板上,基尺和尺身连成一体。扇形板可以与尺身相对回转运动,形成与游标卡尺相似的读数机构。用夹块可将直角尺或直尺固定在扇形板上,也可将直尺直接固定在直角尺上。测量时可转动捏手,通过小齿轮来转动扇形齿轮,使尺身相对扇形板产生转动,从而改变基尺与直角尺或直尺间的夹角,以满足各种不同情况被测量的需要。制动器可将扇形板固定在尺身的任何一个位置,便于读数。

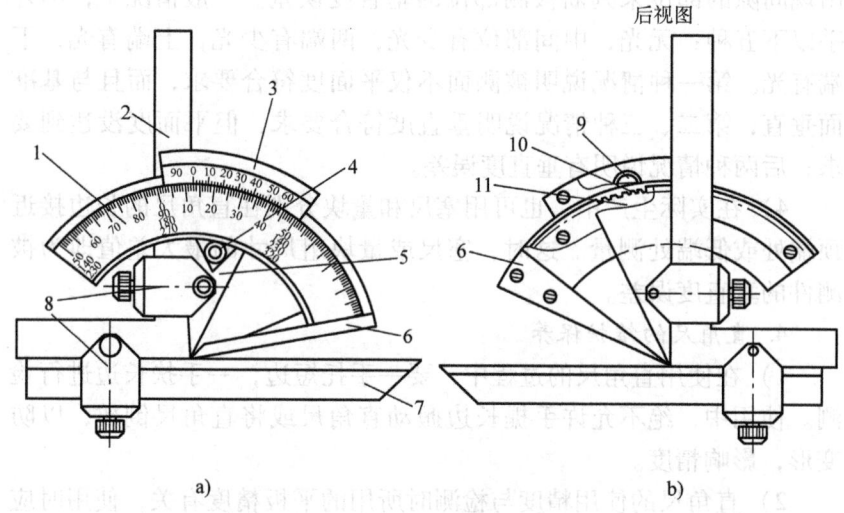

图4-39　Ⅰ型游标万能角度尺
a) 正面　b) 背面
1—尺身　2—直角尺　3—游标　4—制动器　5—扇形板　6—基尺
7—直尺　8—夹块　9—捏手　10—小齿轮　11—扇形齿轮

Ⅰ型游标万能角度尺的测量范围是0°~320°。

(2) Ⅱ型游标万能角度尺　Ⅱ型游标万能角度尺的结构如图4-40所示。小圆盘上刻有游标分度,边缘带有基尺。利用夹块可将直尺固定在小圆盘上,并使直尺随游标一起转动。测量时,可用制动器将直尺紧固在尺身上,以便从被测工件上取下角度尺进行读数。

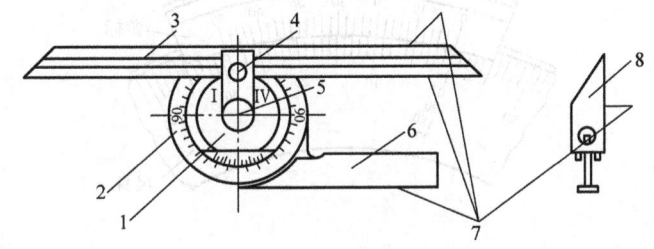

图 4-40　Ⅱ型游标万能角度尺
1—小圆盘　2—尺身　3—直尺　4—夹块
5—制动器　6—基尺　7—测量面　8—小角度直尺

Ⅱ型游标万能角度尺的测量范围是 0°～360°。

> 不是所有游标万能角度尺都能测量 0°～360°的内、外角。

2. 游标万能角度尺的刻线原理

游标万能角度尺的刻线原理与游标卡尺相似,不同的是游标卡尺的读数是长度单位值,而游标万能角度尺的读数是角度单位值。所以,游标万能角度尺也是利用游标原理进行读数的一种角度量具。按其游标刻度值不同可分为 2′和 5′两种。

(1) 分度值为 2′的游标万能角度尺　游标万能角度尺的尺身刻线每格为 1°,游标刻线将对应于尺身 29 格的一段弧长等分 30 格,如图 4-41 所示,则游标每格 = 29°/30 = 60′×29/30 = 58′,尺身 1 格与游标 1 格之差 = 1°-58′= 2′,所以该游标万能角度尺的分度值为 2′。

(2) 分度值为 5′的游标万能角度尺　游标万能角度尺的尺身刻线每格为 1°,游标刻线将对应于尺身 23 格的一段弧长等分 12 格,如图 4-42 所示,则游标每格 = 23°/12 = 60′×23/12 = 115′,尺身 2 格与游标 1 格之差 = 2°-115′= 5′,所以该游标万能角度尺的分度值为 5′。

3. 游标万能角度尺的读数方法

游标万能角度尺的读数方法和游标卡尺相似,也分三步:

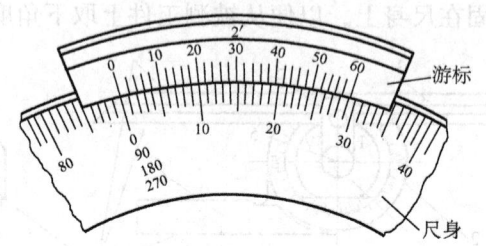

图 4-41 分度值为 2′ 的游标万能角度尺的刻线原理

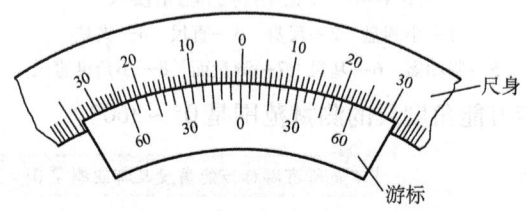

图 4-42 分度值为 5′ 的游标万能角度尺的刻线原理

(1) 先读度(°)　从尺身上读出游标零刻线指示的整度数。

(2) 再读分(′)　判断游标上的第几格的刻线与尺身上的刻线对齐，确定角度的分数。

(3) 求和　将度和分相加。

游标万能角度尺的读数示例见表 4-3。

表 4-3　游标万能角度尺的读数示例

游标读数值 i	读　数　示　例	读数值
2′		69°42′ 34°8′

第四章 技术测量的基本知识及常用计量器具

（续）

游标读数值 i	读数示例	读数值
5′		6°20′

4. 游标万能角度尺的使用方法

1）使用前，将游标万能角度尺的各测量面擦净。

2）检查游标万能角度尺的测量面是否生锈和碰伤，活动件是否灵活、平稳，能否固定在规定的位置上。

3）检查游标万能角度尺的零位是否正确。

4）根据被测角度选用游标万能角度尺的测量尺。图 4-43 所示为Ⅰ型游标万能角度尺的测量角度和安装方法。

当测量 0°~50°之间的角度时，将被测件放在基尺和直尺的测量面之间，此时按尺身上的第一排刻度读数，如图 4-43a 所示。

当测量 50°~140°之间的角度时，应将直角尺取下来，将直尺直接装在扇形板的夹块上，利用基尺和直尺的测量面进行测量，此时按尺身上的第二排刻度读数，如图 4-43b 所示。

当测量 140°~230°之间的角度时，应将直尺和夹块取下来，调整直角尺的位置，使直角尺的直角顶点与基尺的尖端对齐，然后把直角尺的短边和基尺的测量面靠在工件的被测表面上进行测量，此时按尺身上的第三排刻度读数，如图 4-43c 所示。

当测量 230°~320°之间的角度时，将直角尺、直尺和夹块全部取下，直接用基尺和扇形板的测量面对被测工件进行测量，此时按尺身上的第四排刻度读数，如图 4-43d 所示。

> 不同的安装方法所测的角度范围不同。

5. 游标万能角度尺的维护保养

1）游标万能角度尺不要受到碰撞，注意保护各测量面并防止变形。

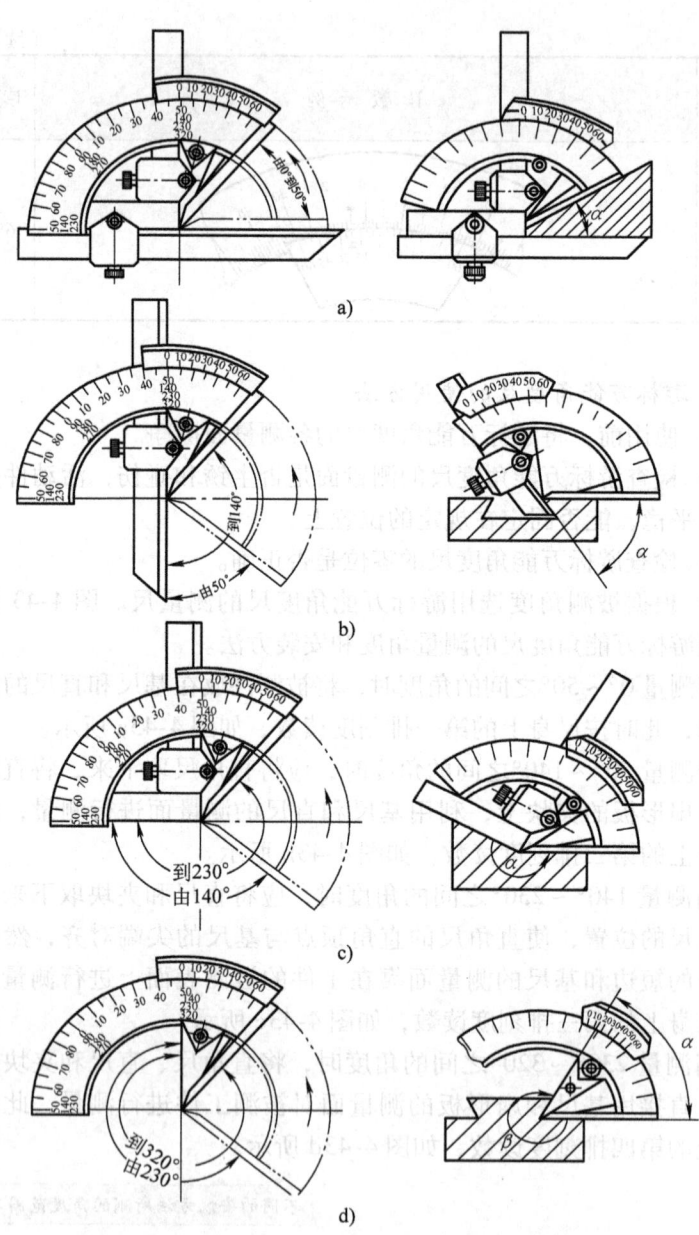

图 4-43　Ⅰ型游标万能角度尺的测量角度和安装方法

2）Ⅰ型游标万能角度尺在安装直角尺或直尺时应避免夹块螺钉压在测量面上。

3）游标万能角度尺使用完毕，擦净后要在测量面上涂防锈油，并装在专用的盒内保管。

第六节　光滑极限量规

一、概述

光滑圆柱形工件的检测工具一般分两大类：一类是前面所讲过的通用计量器具，如游标卡尺、千分尺、机械式量仪等，它们是有刻线的计量器具，能测出工件实际尺寸的大小，从而判断工件的合格性。另一类是量规，它们是没有刻线的专用计量器具，不能测出工件实际尺寸的大小，只能确定被测工件尺寸是否在规定的极限尺寸范围内，从而判断工件是否合格。由于量规结构简单，使用方便，检验效率高，因而在生产中得到广泛的应用，尤其是适用于大批量生产的场合。

量规按检验对象的不用可分为塞规和卡规（或环规）两种，塞规用于检验孔，卡规用于检验轴。

无论是孔用塞规还是轴用卡规均由通端量规（通规）和止端量规（止规）成对组成，通规用"T"表示，止规用"Z"表示，用它们控制工件的两个极限尺寸，从而判断工件是否合格。

二、量规的分类

按照用途，量规分为工作量规、验收量规和校对量规三类。

1. 工作量规

工作量规是工人在生产过程中检验工件用的量规。为了保证工件的精度，一般用新制的或磨损较少的。

2. 验收量规

验收量规是检验部门或用户验收产品时使用的量规。一般不特意制造验收量规，而是选择有一定磨损的工作量规加上标记后代用。

这样可避免工作量规和验收量规因磨损量不一致而产生的矛盾,从而保证测量结果的统一性。

3. 校对量规

校对量规是指校对轴用工作量规的量规。

由于工作量规在制造或使用过程中常会发生碰撞、变形,且通规在使用过程中经常通过工件而容易磨损,因此必须进行定期校对。轴用量规的工作面是内尺寸,采用通用计量器具检测比较困难,故对轴用量规规定了校对量规。而孔用工作量规的工作面是外尺寸,因而能方便地使用通用计量器具检测,所以未规定校对量规。

三、塞规和卡规

1. 塞规

(1) 塞规的工作原理　图4-44a 为单头全形塞规,其工作表面是圆柱形。塞规的一端为通规,它的尺寸等于被检验孔的最小极限尺寸;另一端为止规,它的尺寸等于被检验孔的最大极限尺寸。

检验工件时,如果通规能够通过,表示孔径大于最小极限尺寸。止规不能通过,则表示孔径小于最大极限尺寸。通过塞规的两端,可以把被测孔的尺寸控制在允许的公差范围内。

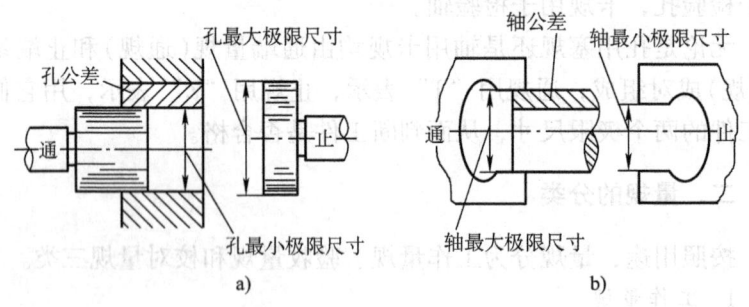

图4-44　光滑极限量规
a) 塞规　b) 卡规

检验工件时,只要通规能通过,止规不能通过,则可判断工件合格,否则就不合格。

(2) 塞规的使用方法　用全形塞规检验垂直位置的被测孔,应从上面检验。用手拿住塞规的柄部，凭塞规本身的重量，让通规滑进被测孔中。对于水平位置的被测孔，要顺着孔的轴线，把通规轻轻地送入孔中。通规顺利地进入被测孔，则表示通规检验合格，但不允许把塞规用力往孔里推或一边旋转一边往里推。

用塞规的止规检验工件时，只有将止规的倒角部分放在孔口边缘上，而工作表面塞不进去，才表示止规检验合格。如果是通孔，还须从孔的两端进行检验。

2. 卡规

（1）卡规的工作原理　卡规的工作表面是平面。卡规的一端为通规，它的尺寸等于被检验轴的最大极限尺寸；另一端为止规，它的尺寸等于被检验轴的最小极限尺寸。

检验工件时，如果通规能够通过，表示轴径小于最大极限尺寸。止规不能通过，则表示轴径大于最小极限尺寸。通过卡规的两端，可以把被测轴的尺寸控制在允许的公差范围内。

（2）卡规的使用方法　用卡规的通规检验工件时，要尽可能从轴的上面来检验。用手拿住卡规，凭卡规本身的重量，从轴的外圆上滑过去。如从水平方向检验，则一手拿工件，一手拿卡规，把通规轻轻地从轴上滑过去。通规顺利滑过工件，就表示卡规的通规检验合格。但万万不可用力强行通过。

用卡规的止规检验工件时，工件通不过去，就表示检验合格。

注意用量规检验工件时，通规和止规一定要联合使用，并且分别检验合格时，才表示被测工件合格。反之，如两者之一检验不合格，则被测工件就不是合格品。

无论使用塞规还是卡规，只要通规通过，止规不通过，被检验零件就是合格的。

四、量规的使用方法和维护保养

量规是一种较精密的计量器具，必须合理正确地使用和维护保养。

1）检验工件前，先准备好相应的量规，再根据量规上的标记来识别通规和止规。

2）检验工件时，要用清洁软布或细棉纱把量规的工作面擦拭干净，并且要等工件冷却，跟量规等温后再进行检验。

3）拿取量规时要轻拿轻放，不可磕碰，也不可用量规去检验运转中的工件和不清洁的工件。

4）量规使用完毕后，要将量规擦洗干净，涂上防锈油，放入专用盒里。

复习思考题

1. 何谓测量？何谓检验？两者之间的主要区别是什么？
2. 测量过程中包括哪四个要素？
3. 计量器具按结构特点可分为哪几大类？
4. 游标卡尺的读数值有哪几种？
5. 说明读数值为 0.02mm 游标卡尺的刻线原理。
6. 确定图 4-45 所示各游标卡尺的读数值及所确定的被测尺寸的数值。

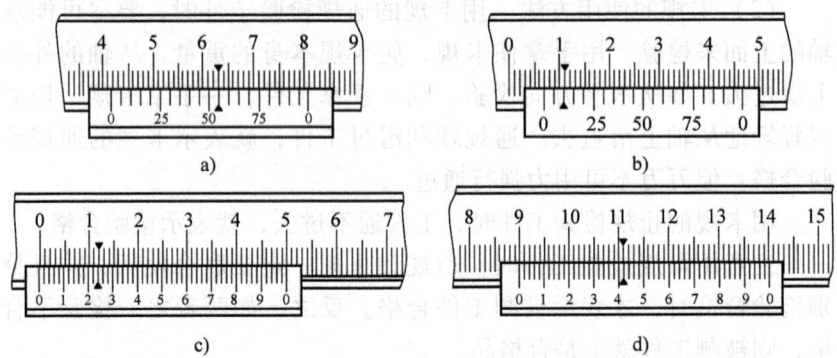

图 4-45 游标卡尺的读数

7. 使用游标卡尺时应注意哪些问题？
8. 简述千分尺的读数原理，其分度值和常用测量范围各是多少？
9. 确定图 4-46 所示千分尺所确定的被测工件尺寸的数值。
10. 使用千分尺时应注意哪些问题？
11. 试述百分表的工作原理，其分度值和测量范围各是多少？
12. 杠杆百分表有何特点？使用时应注意哪些问题？
13. 游标万能角度尺一般应用于什么场合？其分度值有哪两种？

第四章 技术测量的基本知识及常用计量器具

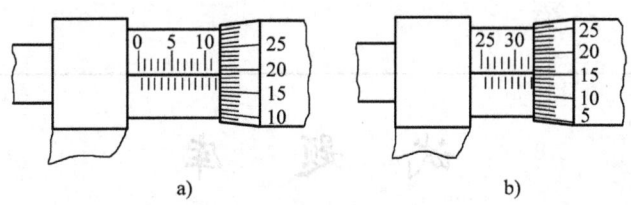

图 4-46 外径千分尺的读数

14. 确定图 4-47 所示被测工件角度的数值。

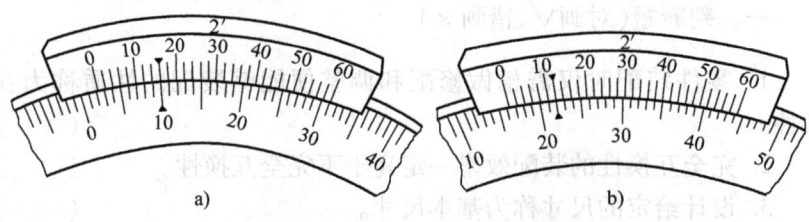

图 4-47 游标万能角度尺的读数

15. 测量不同角度的工件时,应如何安装游标万能角度尺?
16. 如何正确使用光滑极限量规检验工件?

试 题 库

一、判断题(对画√,错画×)

1. 零件装配时仅需稍做修配和调整便能够装配的性质称为互换性。 （ ）
2. 完全互换性的装配效率一定高于不完全互换性。 （ ）
3. 设计给定的尺寸称为基本尺寸。 （ ）
4. 零件是否合格首先就看它是否达到了基本尺寸,正好等于基本尺寸肯定是合格品。 （ ）
5. 零件的尺寸公差可以为正、负和零。 （ ）
6. 尺寸偏差是某一尺寸减其基本尺寸所得的代数差,因而尺寸偏差可为正值、负值或零。 （ ）
7. 孔的上偏差代号是 ES,轴的上偏差代号是 es。 （ ）
8. 某尺寸的上偏差一定大于下偏差。 （ ）
9. 相互结合的孔和轴称为配合。 （ ）
10. 公差带图中的零线通常表示基本尺寸。 （ ）
11. 间隙配合中,孔的实际尺寸总是大于或等于轴的实际尺寸。 （ ）
12. 现行国家标准规定共有 18 个标准公差等级。 （ ）
13. 国家标准规定了基孔制和基轴制,一般情况下,应优先采用基轴制。 （ ）
14. 基孔制是基本偏差为一定的轴的公差带与不同基本偏差的孔的公差带形成各种配合的一种制度。 （ ）
15. 在选择基准制时,一般是优先采用基孔制。 （ ）
16. 将标准公差与基本偏差相互搭配,就可以得到每一基本尺寸

的很多不同公差带。 (   )

17. 在同一尺寸段里,标准公差随公差等级的降低而增大(如 IT6 降至 IT9)。 (   )

18. 各级 a～h 的轴与 H 孔的配合必然是形成间隙配合。(   )

19. 一般情况下优先选用基孔制,是因为可减少所用定值刀具、量具的规格和数量。 (   )

20. 在公差等级高于 IT8 级的配合中,孔与轴的公差等级必须相同。 (   )

21. 国标规定极限与配合的标准温度是 20℃。 (   )

22. 公差等级的选用原则是:在满足使用要求的条件下,尽量选择低的公差等级。 (   )

23. 标注形位公差代号时,形位公差项目符号应写入形位公差框内第二格。 (   )

24. 标准规定,在图样中形位公差应采用代号标注,文字说明要尽量少用或不用。 (   )

25. 形位公差就是限制零件的形状误差。 (   )

26. 检验形状误差时,被测实际要素相对其理想要素的变动量是形状公差。 (   )

27. 位置公差可分为定向公差、定位公差和跳动公差三大类。 (   )

28. 被测要素遵守包容要求时,需加注符号Ⓜ。 (   )

29. 孔的最小极限尺寸即为其最小实体尺寸。 (   )

30. 轴的最大极限尺寸即为其最小实体尺寸。 (   )

31. 零件的表面粗糙度和加工方法有直接关系。 (   )

32. 表面粗糙度属于微观几何形状误差。 (   )

33. 零件的表面粗糙度数值越小,其工作性能就越差,寿命也越短。 (   )

34. 任何零件都要求表面粗糙度数值越小越好。 (   )

35. 零件表面越粗糙,耐磨性能越好。 (   )

36. 取样长度过短不能反映表面粗糙度的真实情况,因此越长越好。 (   )

37. 标准规定确定表面粗糙度取样长度的数值时,在取样长度范围内,一般不少于 5 个以上的轮廓峰和轮廓谷。( )

38. 评定长度和取样长度之间的数值关系由被测表面的均匀性确定,一般情况下 1 个评定长度内取 10 个取样长度。( )

39. 在 R_a、R_z、R_y 三个参数中,R_a 能充分地反映表面微观几何形状高度方面的特性。( )

40. 标准推荐优先选用轮廓算术平均偏差 R_a,就是因为其测量方法简单。( )

41. 由于表面粗糙度高度参数有三个,因而标注时在数值前必须注明相应的符号 R_a、R_z、R_y。( )

42. 表面粗糙度符号 ∜ 表示用不去除材料的方法获得的加工表面。( )

43. 表面粗糙度符号 ∜ 表示用去除材料的方法获得的加工表面。( )

44. 标注时,表面粗糙度符号的尖端,应从材料外指向表面,表面粗糙度代号中的数字及符号的注写方向应与尺寸数字方向一致。( )

45. 表面粗糙度代号应注写在可见轮廓线、尺寸界线或其延长线上。( )

46. 用比较法检验表面粗糙度时,为减小误差,在选择样板时,其材料、形状、加工方法、加工纹理方向等应尽可能与被测表面相同。( )

47. 零件的尺寸精度越高,它的表面粗糙度数值也越小。( )

48. 1m = 1000cm。( )

49. 2600μm = 2.6mm。( )

50. (3/4)in = 19.05mm。( )

51. $\left(1\dfrac{3}{8}\right)$in = 34.94mm。( )

52. 15.875mm = 3/8in。( )

53. 量块、水平仪、百分表等都属于常用量仪。( )

54. 游标卡尺是由刀口形的内、外量爪和深度尺组成。( )

55. 游标卡尺的尺身每1格为1mm，游标共有50格，当两量爪合拢时，游标的50格正好与尺身的49格对齐，则该游标卡尺的测量精度为0.02mm。（   ）

56. 读数值为0.02mm的游标卡尺，尺身上50格的长度与游标上49格的长度相等。（   ）

57. 读数值为0.02mm的游标卡尺，尺身上的刻度间距比游标上的刻度间距大0.02mm。（   ）

58. 游标卡尺的读数值有三种：0.1mm、0.05mm和0.02mm。（   ）

59. 用游标卡尺测量工件时，测力过大或过小均会增大测量误差。（   ）

60. 为了方便，可以用游标卡尺的量爪当作圆规等划线工具来使用。（   ）

61. 用游标卡尺测量孔径时，应轻轻摆动游标卡尺，以便找出最小值。（   ）

62. 高度游标卡尺可用来测量零件的高度和角度。（   ）

63. 常用千分尺的分度值都是0.01mm。（   ）

64. 千分尺是一种较精密量具，测量精度比游标卡尺高，而且比较灵敏，通常用来测量加工精度要求较高的工件。（   ）

65. 为保证千分尺不生锈，使用完毕后，应将其浸泡在润滑油或柴油里。（   ）

66. 使用千分尺时，用等温方法将千分尺和被测件保持同温，这样可以减少温度对测量结果的影响。（   ）

67. 千分尺在测量中不一定要使用棘轮机构。（   ）

68. 不允许在千分尺的固定套筒和微分筒之间加入酒精、煤油、柴油、凡士林和润滑油。（   ）

69. 外径千分尺是用来测量孔径、槽深度的量具。（   ）

70. 螺纹千分尺用来测量螺纹大径。（   ）

71. 深度千分尺用于测量孔、键槽的深度及台阶的高度等尺寸，测量范围有0～50mm和25～100mm两种。（   ）

72. 内径千分尺的工作原理与外径千分尺相同，只是刻度上数值

的顺序与外径千分尺相反。   (   )

73. 百分表的大指针转过1格，表示其测杆移动0.01mm，因而百分表的读数值为0.01mm。   (   )

74. 百分表的示值范围最大是0～10mm，因而百分表只能用来测量尺寸较小的工件。   (   )

75. 百分表的测量头开始与被测表面接触时，只能轻微接触表面，以避免产生过大的接触力，并保持足够的示值范围。 (   )

76. 用百分表测量长度尺寸时，采用的是相对测量法。 (   )

77. 内径百分表和内径千分尺一样，可以从测量器具上直接读出被测尺寸的数值。   (   )

78. 杠杆百分表的体积小，测头的位移方向可以改变，因而其测量精度比普通百分表高。   (   )

79. 为了合理保养千分表、百分表等精密量仪，应在其测量杆上涂上防锈油。   (   )

80. 直角尺主要用来测量90°的内角或外角。   (   )

81. 游标万能角度尺只能用来测量外角。   (   )

82. 游标万能角度尺可以测量0°～360°的任何角度。   (   )

二、选择题（将正确答案的序号填入括号内）

1. 具有互换性的零件应是(   )。
   A. 相同规格的零件
   B. 不同规格的零件
   C. 形状和尺寸完全相同的零件

2. 对基本尺寸进行标准化是为了(   )。
   A. 简化设计过程
   B. 便于设计时的计算
   C. 简化定值刀具、量具的规格和数量

3. 允许尺寸变化的两个界限值称为(   )。
   A. 基本尺寸   B. 实际尺寸   C. 极限尺寸

4. 尺寸偏差是(   )。
   A. 算术值   B. 绝对值   C. 代数差

5. 当上偏差或下偏差为零值时,在图样上(   )。

A. 必须标出零值

B. 不能标出零值

C. 标或不标零值皆可

6. 尺寸公差是(   )。

A. 绝对值　　　　B. 正值　　　　C. 负值

7. 对偏差与公差的关系,下列说法正确的是(   )。

A. 实际偏差越大,公差越大

B. 上、下偏差之差的绝对值越大,公差越大

C. 上偏差越小,公差越大

8. 有一尺寸为 $\phi20^{+0.033}_{\ 0}$ mm 的孔与尺寸为 $\phi20^{+0.033}_{\ 0}$ mm 的轴配合,其最大间隙应为(   )mm。

A. +0.006　　　　B. +0.033　　　　C. 0

9. $\phi50H7/f6$ 的配合性质是(   )。

A. 间隙配合　　　B. 过渡配合　　　C. 过盈配合

10. 滚动轴承的外圈与轴承座孔的配合应为(   )。

A. 基孔制　　　　B. 基轴制　　　　C. 混合制

11. 基本偏差为 p~zc 的轴与 H 孔一般可形成(   )配合。

A. 间隙　　　　　B. 过渡　　　　　C. 过盈

12. 与标准件相配合时应选用(   )。

A. 基孔制　　　　　　　　　　　B. 基轴制

C. 以标准件为准的基准制

13. 对于基本尺寸≤500mm,在公差等级高于 IT8 级的配合中,孔与轴的公差等级应(   )。

A. 相同　　　　　　　　　　　　B. 孔比轴高一级

C. 孔比轴低一级

14. 形位公差共有(   )个项目。

A. 12　　　　　　B. 20　　　　　　C. 14

15. 圆柱度公差属于(   )公差。

A. 配合　　　　　B. 形状　　　　　C. 位置

16. 平行度公差属于位置公差中的(   )公差。

A. 定位　　　　　B. 定向　　　　　C. 跳动

17. 延伸公差带的符号为(　　)。

A. Ⓛ　　　　　　B. Ⓟ　　　　　　C. Ⓜ

18. 给出了形状或位置公差的点、线、面称为(　　)要素。

A. 理想　　　　　B. 被测　　　　　C. 基准

19. 同轴度公差属于(　　)公差。

A. 定向　　　　　B. 定位　　　　　C. 跳动

20. 在图样上形位公差框格一般应(　　)放置。

A. 垂直　　　　　B. 倾斜　　　　　C. 水平

21. 不管基准符号处于什么方向,圆圈内的字母应(　　)书写。

A. 水平　　　　　B. 垂直　　　　　C. 任意

22. 位置公差是(　　)的位置对基准所允许的变动全量。

A. 关联实际要素　B. 中心要素　　　C. 单一要素

23. 形位公差框格内加注Ⓜ时,表示要遵守(　　)要求。

A. 最小实体　　　B. 包容　　　　　C. 最大实体

24. 符号∥在形位公差中表示的是(　　)。

A. 平面度　　　　B. 平行度　　　　C. 倾斜度

25. 在过盈配合中,表面粗糙,实际过盈量会(　　)。

A. 增大　　　　　B. 减小　　　　　C. 不变

26. 在表面粗糙度的基本评定参数中,标准规定优先选用(　　)。

A. R_a　　　　　B. R_z　　　　　C. R_y

27. 在表面粗糙度代号标注中,用(　　)参数时可不标注其参数代号。

A. R_a　　　　　B. R_z　　　　　C. R_y

28. 当零件上的某些表面粗糙度参数值要求相同时,可加"其余"字样,统一标注在图样的(　　)。

A. 下方　　　　　B. 左上方　　　　C. 右上方

29. 工厂车间中,常用与(　　)相比较的方法来检验零件的表面粗糙度。

A. 国家标准　　　B. 量块　　　　　C. 表面粗糙度样板

30. 在图样上所标注的法定长度计量单位通常是(　　)。

A. 米(m)   B. 厘米(cm)   C. 毫米(mm)

31. 读数值为 0.05mm 的游标卡尺，游标上 20 格的长度与尺身上 39 格的长度相等，其游标的刻度间距为( )mm。

A. 0.05   B. 0.95   C. 1.95

32. 有一把游标卡尺，其尺身每 1 格为 1mm，游标刻线总长为 19mm，并均分 20 格，则此游标卡尺的读数值为( )mm。

A. 0.01   B. 0.05   C. 0.02

33. 关于游标卡尺，下列说法中错误的是( )。

A. 游标卡尺的读数原理是利用尺身刻线间距与游标刻线间距之差来进行小数读数

B. 由于游标卡尺刻线不准，因而在测量中易发生粗大误差

C. 使用游标卡尺测量时，应使量爪轻轻接触零件被测表面，保持合适的测量力

34. 用双面游标卡尺的下测量爪测量零件内径时，应将游标卡尺的读数( )测量爪本身的厚度尺寸 b，才能得出被测零件的实际尺寸。

A. 减去   B. 等于   C. 加上

35. 游标卡尺适用于( )尺寸的测量和检验。

A. 低精度   B. 中等精度   C. 高精度

36. 测量大径为 $\phi 50 \pm 0.02$mm 的工件，可选用精度为( )mm 的游标卡尺。

A. 0.02   B. 0.05   C. 0.1

37. 读数值为 0.02mm 的游标卡尺的游标上，第 50 格刻线与尺身上( )mm 的刻线对齐。

A. 49   B. 39   C. 19

38. 用游标卡尺测量孔径时，若量爪测量线不通过孔心，则游标卡尺的读数比实际尺寸( )。

A. 大   B. 小   C. 一样

39. 深度游标卡尺和高度游标卡尺的读数原理与游标卡尺( )。

A. 基本相同   B. 相似   C. 不同

40. 千分尺上棘轮的作用是( )。
    A. 校正千分尺   B. 便于旋转微分筒
    C. 限制测量力
41. 千分尺的读数值是( )mm。
    A. 0.5   B. 0.01   C. 0.001
42. 若千分尺测微螺杆的螺距为 0.5mm，则微分筒圆周上的刻度为( )。
    A. 50 等份   B. 20 等份   C. 10 等份
43. 千分尺的规格如按测量范围划分，在 500mm 以内，每( )mm 为一档。
    A. 25   B. 50   C. 100
44. 千分尺按制造精度可分为 0 级和 1 级两种，其中 0 级精度( )1 级精度。
    A. 高于   B. 低于   C. 相同
45. 用千分尺测量时，要使测微螺杆轴线与工件的被测尺寸方向( )，不要倾斜。
    A. 相反   B. 平行   C. 一致
46. 在千分尺使用中，不要拧松后盖，否则零位可能改变，如果后盖松动，就要校对( )。
    A. 零位   B. 平行   C. 垂直
47. 为了保证千分尺的使用精度，必须对其施行( )检定。
    A. 现场   B. 自行   C. 定期
48. 内径千分尺使用中，为减少测量误差应在径向截面内找到最大值，轴向截面内找到( )。
    A. 最大值   B. 相同值   C. 最小值
49. 百分表的工作原理是通过齿条与齿轮传动，将测量杆的直线运动，转变为指针的( )。
    A. 平行运动   B. 上下运动   C. 回转运动
50. 一般选用百分表测量头是：球形工件应选用平测量头，圆柱形或平面形的工件应选用( )。
    A. 平测量头   B. 球面测量头   C. 尖测量头

51. 用百分表测量平面时,测量杆要与平面(　　)。
   A. 平行　　　　　B. 倾斜　　　　　C. 垂直

52. 杠杆百分表由于体积小,杠杆测头能改变(　　),故对凹槽或小孔的测量能起到其他量具无法测量的独特作用。
   A. 方向　　　　　B. 测量精度　　　C. 位置

53. 若杠杆百分表的杠杆测头轴线与测量线不垂直时,则表的测量值比实际尺寸(　　)。
   A. 大　　　　　　B. 小　　　　　　C. 一样

54. 用直角尺长边后面和短边上面为测量面,光隙出现在顶端,则这个被测角是(　　)。
   A. 大于90°的外角　　　　　B. 小于90°的外角
   C. 大于90°的内角

55. 用游标万能角度尺测量工件,如果被测量角度大于90°小于180°,读数时应加上(　　)。
   A. 90°　　　　　B. 180°　　　　　C. 360°

56. 用卡规测量轴颈时,通规通过而止规不通过,则这根轴的轴颈尺寸(　　)。
   A. 合格　　　　　　　　　　B. 不合格
   C. 可能合格也可能不合格

三、简答题

1. 什么叫互换性?
2. 公差与配合中规定有哪几类配合?其配合公差带有什么特点?
3. 什么叫基孔制?什么叫基轴制?
4. 形位公差共有多少项?它们各用什么符号表示?
5. 表面粗糙度的高度评定参数有哪些?它们各用什么符号表示?
6. 表面粗糙度的检测方法有哪几种?
7. 常用的游标量具有哪几种?各有什么作用?
8. 简述读数值为0.02mm的游标卡尺的刻线原理。
9. 用游标万能角度尺测量角度时,如果测得角度为110°,试问扇形板在基尺上实际移动多少度?

10. 如何正确使用、维护、保养量具和量仪？
11. 选用量具的原则是什么？

四、计算题

1. 求尺寸轴 $\phi 50_{-0.041}^{-0.025}$ mm 的公差和极限尺寸。

2. 相配合的孔和轴，孔的尺寸为 $\phi 40_{+0.05}^{+0.15}$ mm，轴的尺寸为 $\phi 40_{-0.10}^{0}$ mm。求最大间隙和最小间隙。

3. 按 300:1 的比例，作出孔 $\phi 40H8(_{0}^{+0.03})$ mm 和轴 $\phi 40\times 7_{+0.080}^{+0.105}$ 的公差带图。

4. 相配合的孔和轴，孔的尺寸为 $\phi 80_{0}^{+0.046}$ mm，轴的尺寸为 $\phi 80_{+0.011}^{+0.041}$ mm。求最大间隙和最大过盈。

5. 如图 1 所示，用游标卡尺测两孔尺寸分别为 $\phi 10.04$ mm 和 $\phi 10.02$ mm，测孔内侧尺寸为 40.06 mm。问两孔的中心距是多少？

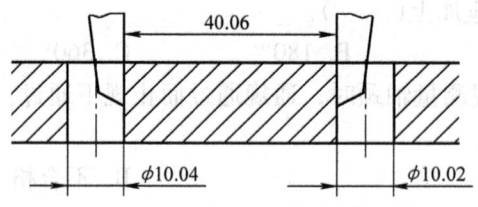

图　1

答 案

一、判断题

1. × 2. × 3. √ 4. × 5. × 6. √ 7. √ 8. √
9. × 10. √ 11. √ 12. × 13. × 14. × 15. √ 16. √
17. √ 18. √ 19. √ 20. × 21. × 22. √ 23. × 24. √
25. × 26. × 27. × 28. × 29. × 30. × 31. × 32. ×
33. × 34. × 35. × 36. × 37. × 38. × 39. × 40. ×
41. × 42. × 43. × 44. √ 45. × 46. √ 47. × 48. ×
49. √ 50. √ 51. × 52. × 53. × 54. √ 55. √ 56. ×
57. √ 58. × 59. √ 60. × 61. × 62. × 63. √ 64. ×
65. × 66. √ 67. × 68. √ 69. × 70. × 71. × 72. √
73. √ 74. × 75. × 76. √ 77. × 78. × 79. × 80. √
81. × 82. ×

二、选择题

1. A 2. C 3. C 4. C 5. A 6. A 7. B 8. B 9. A 10. B
11. C 12. C 13. C 14. C 15. B 16. B 17. B 18. B 19. B
20. C 21. A 22. A 23. C 24. C 25. C 26. A 27. A 28. C
29. C 30. C 31. C 32. B 33. B 34. C 35. B 36. C 37. A
38. B 39. C 40. C 41. B 42. A 43. C 44. A 45. C 46. A
47. C 48. C 49. C 50. B 51. C 52. A 53. A 54. B 55. A 56. A

三、简答题

1. 答　在机械制造业中，互换性是指制成的同一规格的一批零件或部件，任取其一，不需作任何挑选、调整或辅助加工（如钳工修理），就能进行装配，并能满足机械产品的使用性能要求的一种特性。

2. 答　配合性质有间隙配合、过盈配合和过渡配合三类。间隙配合孔的公差带在轴的公差带之上；过盈配合孔的公差带在轴的公差带之下；过渡配合孔的公差带与轴的公差带相互交叠。

3. 答　基孔制是指基本偏差为一定的孔的公差带，与不同基本偏差的轴的公差带形成各种配合的一种制度。基轴制是指基本偏差为一定的轴的公差带，与不同基本偏差的孔的公差带形成各种配合的一种制度。

4. 答　形位公差共有 14 项。直线度—、平面度▱、圆度○、圆柱度⌭、线轮廓度⌒、面轮廓度⌓、平行度∥、垂直度⊥、倾斜度∠、对称度═、同轴度◎、位置度⊕、圆跳动↗、全跳动⌀。

5. 答　表面粗糙度的高度评定参数有：轮廓算术平均偏差 R_a、微观不平度十点高度 R_z 和轮廓最大高度 R_y。

6. 答　表面粗糙度的检测方法有：比较法、光切法、干涉法和针描法。

7. 答　常用的游标量具有游标卡尺、深度游标卡尺、高度游标卡尺和齿厚游标卡尺等几种。

游标卡尺通常用来测量内外径尺寸、孔距、壁厚、沟槽及深度等；深度游标卡尺用于测量孔、槽的深度，台阶的高度等；高度游标卡尺用于测量高度或对零件进行划线；齿厚游标卡尺用于测量直齿、斜齿圆柱齿轮的固定弦齿厚。

8. 答　尺身每格宽度为 1mm，当两量爪并拢时，尺身上 49mm 的刻线刚好对准游标上第 50 格刻线。这样游标每格的宽度为 49mm/50 = 0.98mm。尺身与游标每格相差的值（即读数值）= 1mm − 0.98mm = 0.02mm。

9. 答　当被测角度为 90°~180°时，被测角度 = 90° + 扇形板读数。所以，扇形板读数 = 110° − 90° = 20°。

10. 答　应注意以下几条：

答 案

1）根据精度、测量范围、用途等正确选择量具。测量时不允许超过测量范围的极限值。

2）测量前应做好被测工件表面的清洁工作。

3）使用精密量具、量仪时要戴吸汗的布手套,以防汗渍腐蚀量具和量仪。

4）操作时应轻拿轻放,使用后应擦干净,涂油防锈,放入专用盒(箱)保存。

5）对于精度较高的量仪,特别是光学仪器,要做到防尘、防潮、防霉、防振。

6）在测量过程中,要注意测量温度对量具、量仪的影响。量具、量仪要远离炉火、暖气等热源。

7）对精密量具、量仪要定期鉴定。

8）机床起动后,不要用量具测量运动着的工件。

11. 答 1）按被测尺寸的大小来选择。

2）根据被测尺寸的精度来选择。

3）根据被测零件的表面质量来选择。

4）根据生产性质来选择。

四、计算题

1. 解 $T_h = es - ei = -0.025\mathrm{mm} - (-0.041)\mathrm{mm} = 0.016\mathrm{mm}$

$d_{max} = d + es = \phi 50\mathrm{mm} + (-0.025)\mathrm{mm} = \phi 49.975\mathrm{mm}$

$d_{min} = d + ei = \phi 50\mathrm{mm} + (-0.041)\mathrm{mm} = \phi 49.959\mathrm{mm}$

答 轴公差是 0.016mm,轴的最大极限尺寸是 $\phi 49.975\mathrm{mm}$,轴的最小极限尺寸是 $\phi 49.959\mathrm{mm}$。

2. 解 $X_{max} = ES - ei = +0.15\mathrm{mm} - (-0.10)\mathrm{mm} = +0.25\mathrm{mm}$

$X_{min} = EI - es = +0.05\mathrm{mm} - 0\mathrm{mm} = +0.05\mathrm{mm}$

答 最大间隙为 +0.25mm,最小间隙为 +0.05mm。

3. 解 如图 2 所示。

4. 解 $X_{max} = ES - ei = +0.046\mathrm{mm} - (+0.011)\mathrm{mm} = +0.035\mathrm{mm}$

$Y_{max} = EI - es = 0\mathrm{mm} - (+0.041)\mathrm{mm} = -0.041\mathrm{mm}$

答 最大间隙为 +0.035mm,最大过盈为 -0.041mm。

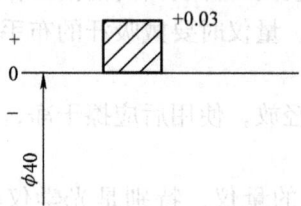

图 2

5. 解　中心距 $a = 40.06\text{mm} + (10.02/2)\text{mm} + (10.04/2)\text{mm}$
　　　　　$= 50.09\text{mm}$

　　答　两孔中心距为 50.09mm。

附 录

附录 A 轴的极限偏差

(单位:μm)

基本尺寸/mm		公 差 带													
		a				b					c				
大于	至	9	10	11	12	13	9	10	11	12	13	8	9	10	11	12
—	3	-270 -295	-270 -310	-270 -330	-270 -370	-270 -410	-140 -165	-140 -180	-140 -200	-140 -240	-140 -280	-60 -74	-60 -85	-60 -100	-60 -120	-60 -160
3	6	-270 -300	-270 -318	-270 -345	-270 -390	-270 -450	-140 -170	-140 -188	-140 -215	-140 -260	-140 -320	-70 -88	-70 -100	-70 -118	-70 -145	-70 -190

(续)

基本尺寸/mm		公 差 带													
		a					b					c			
大于	至	9	10	11	12	13	9	10	11	12	13	8	9	10	11	12
6	10	-280 -316	-280 -338	-280 -370	-280 -430	-280 -500	-150 -186	-150 -208	-150 -240	-150 -300	-150 -370	-80 -102	-80 -116	-80 -138	-80 -170	-80 -220
10	14	-290 -333	-290 -360	-290 -400	-290 -470	-290 -560	-150 -193	-150 -220	-150 -260	-150 -330	-150 -420	-95 -122	-95 -138	-95 -165	-95 -205	-95 -275
14	18	-300 -352	-300 -384	-300 -430	-300 -510	-300 -630	-160 -212	-160 -244	-160 -290	-160 -370	-160 -490	-110 -143	-110 -162	-110 -194	-110 -240	-110 -320
18	24	-310 -372	-310 -410	-310 -470	-310 -560	-310 -700	-170 -232	-170 -270	-170 -330	-170 -420	-170 -560	-120 -159	-120 -182	-120 -220	-120 -280	-120 -370
24	30	-320 -382	-320 -420	-320 -480	-320 -570	-320 -710	-180 -242	-180 -280	-180 -340	-180 -430	-180 -570	-130 -169	-130 -192	-130 -230	-130 -290	-130 -380
30	40	-340 -414	-340 -460	-340 -530	-340 -640	-340 -800	-190 -264	-190 -310	-190 -380	-190 -490	-190 -650	-140 -186	-140 -214	-140 -260	-140 -330	-140 -440
40	50	-360 -434	-360 -480	-360 -550	-360 -660	-360 -820	-200 -274	-200 -320	-200 -390	-200 -500	-200 -660	-150 -196	-150 -224	-150 -270	-150 -340	-150 -450
50	65	-380 -467	-380 -520	-380 -600	-380 -730	-380 -920	-220 -307	-220 -360	-220 -440	-220 -570	-220 -760	-170 -224	-170 -257	-170 -310	-170 -390	-170 -520
65	80	-410 -497	-410 -550	-410 -630	-410 -760	-410 -950	-240 -327	-240 -380	-240 -460	-240 -590	-240 -780	-180 -234	-180 -267	-180 -320	-180 -400	-180 -530
80	100	-460 -560	-460 -620	-460 -710	-460 -860	-460 -1090	-260 -360	-260 -420	-260 -510	-260 -660	-260 -890	-200 -263	-200 -300	-200 -360	-200 -450	-200 -600

附　　录　　　　　　　　　　　　　　　　　　　　　　　　　　　　　　　（续）

基本尺寸/mm		公差带													
		a					b					c				
大于	至	9	10	11	12	13	9	10	11	12	13	8	9	10	11	12
140	160	-520 -620	-520 -680	-520 -770	-520 -920	-520 -1150	-280 -380	-280 -440	-280 -530	-280 -680	-280 -910	-210 -273	-210 -310	-210 -370	-210 -460	-210 -610
160	180	-580 -680	-580 -740	-580 -830	-580 -980	-580 -1210	-310 -410	-310 -470	-310 -560	-310 -710	-310 -940	-230 -293	-230 -330	-230 -390	-230 -480	-230 -630
180	200	-660 -775	-660 -845	-660 -950	-660 -1120	-660 -1380	-340 -455	-340 -525	-340 -630	-340 -800	-340 -1060	-240 -312	-240 -355	-240 -425	-240 -530	-240 -700
200	225	-740 -855	-740 -925	-740 -1030	-740 -1200	-740 -1460	-380 -495	-380 -565	-380 -670	-380 -840	-380 -1100	-260 -332	-260 -375	-260 -445	-260 -550	-260 -720
225	250	-820 -935	-820 -1005	-820 -1110	-820 -1280	-820 -1540	-420 -535	-420 -605	-420 -710	-420 -880	-420 -1140	-280 -352	-280 -395	-280 -465	-280 -570	-280 -740
250	280	-920 -1050	-920 -1130	-920 -1240	-920 -1440	-920 -1730	-480 -610	-480 -690	-480 -800	-480 -1000	-480 -1290	-300 -381	-300 -430	-300 -510	-300 -620	-300 -820
280	315	-1050 -1180	-1050 -1260	-1050 -1370	-1050 -1570	-1050 -1860	-540 -670	-540 -750	-540 -860	-540 -1060	-540 -1350	-330 -411	-330 -460	-330 -540	-330 -650	-330 -850
315	355	-1200 -1340	-1200 -1430	-1200 -1560	-1200 -1770	-1200 -2090	-600 -740	-600 -830	-600 -960	-600 -1170	-600 -1490	-360 -449	-360 -500	-360 -590	-360 -720	-360 -930
355	400	-1350 -1490	-1350 -1580	-1350 -1710	-1350 -1920	-1350 -2240	-680 -820	-680 -910	-680 -1040	-680 -1250	-680 -1570	-400 -489	-400 -540	-400 -630	-400 -760	-400 -970
400	450	-1500 -1655	-1500 -1750	-1500 -1900	-1500 -2130	-1500 -2470	-760 -915	-760 -1010	-760 -1160	-760 -1390	-760 -1730	-440 -537	-440 -595	-440 -690	-440 -840	-440 -1070

（续）

基本尺寸/mm		公差带													
		a					b					c				
大于	至	9	10	11	12	13	9	10	11	12	13	8	9	10	11	12
450	500	-1650/-1805	-1650/-1900	-1650/-2050	-1650/-2280	-1650/-2620	-840/-995	-840/-1090	-840/-1240	-840/-1470	-840/-1810	-480/-577	-480/-635	-480/-730	-480/-880	-480/-1110

基本尺寸/mm		公差带													
		c	d					e					f		
大于	至	13	7	8	9	10	11	6	7	8	9	10	5	6	7
—	3	-60/-200	-20/-30	-20/-34	-20/-45	-20/-60	-20/-80	-14/-20	-14/-24	-14/-28	-14/-39	-14/-54	-6/-10	-6/-12	-6/-16
3	6	-70/-250	-30/-42	-30/-48	-30/-60	-30/-78	-30/-105	-20/-28	-20/-32	-20/-38	-20/-50	-20/-68	-10/-15	-10/-18	-10/-22
6	10	-80/-300	-40/-55	-40/-62	-40/-76	-40/-98	-40/-130	-25/-34	-25/-40	-25/-47	-25/-61	-25/-83	-13/-19	-13/-22	-13/-28
10	14	-95/-365	-50/-68	-50/-77	-50/-93	-50/-120	-50/-160	-32/-43	-32/-50	-32/-59	-32/-75	-32/-102	-16/-24	-16/-27	-16/-34
14	18	-95/-365	-50/-68	-50/-77	-50/-93	-50/-120	-50/-160	-32/-43	-32/-50	-32/-59	-32/-75	-32/-102	-16/-24	-16/-27	-16/-34
18	24	-110/-440	-65/-86	-65/-98	-65/-117	-65/-149	-65/-195	-40/-53	-40/-61	-40/-73	-40/-92	-40/-124	-20/-29	-20/-33	-20/-41
24	30	-110/-440	-65/-86	-65/-98	-65/-117	-65/-149	-65/-195	-40/-53	-40/-61	-40/-73	-40/-92	-40/-124	-20/-29	-20/-33	-20/-41

附　录

（续）

基本尺寸/mm		公差带													
		c	d					e					f		
大于	至	13	7	8	9	10	11	6	7	8	9	10	5	6	7
30	40	-120 -510	-80 -105	-80 -119	-80 -142	-80 -180	-80 -240	-50 -66	-50 -75	-50 -89	-50 -112	-50 -150	-25 -36	-25 -41	-25 -50
40	50	-130 -520	-80 -105	-80 -119	-80 -142	-80 -180	-80 -240	-50 -66	-50 -75	-50 -89	-50 -112	-50 -150	-25 -36	-25 -41	-25 -50
50	65	-140 -600	-100 -130	-100 -146	-100 -174	-100 -220	-100 -290	-60 -79	-60 -90	-60 -106	-60 -134	-60 -180	-30 -43	-30 -49	-30 -60
65	80	-150 -610	-100 -130	-100 -146	-100 -174	-100 -220	-100 -290	-60 -79	-60 -90	-60 -106	-60 -134	-60 -180	-30 -43	-30 -49	-30 -60
80	100	-170 -710	-120 -155	-120 -174	-120 -207	-120 -260	-120 -340	-72 -94	-72 -107	-72 -126	-72 -159	-72 -212	-36 -51	-36 -58	-36 -71
100	120	-180 -720	-120 -155	-120 -174	-120 -207	-120 -260	-120 -340	-72 -94	-72 -107	-72 -126	-72 -159	-72 -212	-36 -51	-36 -58	-36 -71
120	140	-200 -830	-145 -185	-145 -208	-145 -245	-145 -305	-145 -395	-85 -110	-85 -125	-85 -148	-85 -185	-85 -245	-43<;br>-61	-43 -68	-43 -83
140	160	-210 -840	-145 -185	-145 -208	-145 -245	-145 -305	-145 -395	-85 -110	-85 -125	-85 -148	-85 -185	-85 -245	-43 -61	-43 -68	-43 -83
160	180	-230 -860	-145 -185	-145 -208	-145 -245	-145 -305	-145 -395	-85 -110	-85 -125	-85 -148	-85 -185	-85 -245	-43 -61	-43 -68	-43 -83

(续)

基本尺寸/mm		公差带														
		c	d					e					f		
大于	至	13	7	8	9	10	11	6	7	8	9	10	5	6	7
180	200	−240 −960	−170 −216	−170 −242	−170 −285	−170 −355	−170 −460	−100 −129	−100 −146	−100 −172	−100 −215	−100 −285	−50 −70	−50 −79	−50 −96
200	225	−260 −980													
225	250	−280 −1000													
250	280	−300 −1110	−190 −242	−190 −271	−190 −320	−190 −400	−190 −510	−110 −142	−110 −162	−110 −191	−110 −240	−110 −320	−56 −79	−56 −88	−56 −108
280	315	−330 −1140													
315	355	−360 −1250	−210 −267	−210 −299	−210 −350	−210 −440	−210 −570	−125 −161	−125 −182	−125 −214	−125 −265	−125 −355	−62 −87	−62 −98	−62 −119
355	400	−400 −1290													
400	450	−440 −1410	−230 −293	−230 −327	−230 −385	−230 −480	−230 −630	−135 −175	−135 −198	−135 −232	−135 −290	−135 −385	−68 −95	−68 −108	−68 −131
450	500	−480 −1450													

（续）

基本尺寸/mm		公差带												
		f		g					h					
大于	至	8	9	4	5	6	7	8	1	2	3	4	5	6
—	3	−6/−20	−6/−31	−2/−5	−2/−6	−2/−8	−2/−12	−2/−16	0/−0.8	0/−1.2	0/−2	0/−3	0/−4	0/−6
3	6	−10/−28	−10/−40	−4/−8	−4/−9	−4/−12	−4/−16	−4/−22	0/−1	0/−1.5	0/−2.5	0/−3	0/−5	0/−8
6	10	−13/−35	−13/−49	−5/−9	−5/−11	−5/−14	−5/−20	−5/−27	0/−1	0/−1.5	0/−2.5	0/−4	0/−6	0/−9
10	14	−16/−43	−16/−59	−6/−11	−6/−14	−6/−17	−6/−24	−6/−33	0/−1.2	0/−2	0/−3	0/−5	0/−8	0/−11
14	18	−16/−43	−16/−59	−6/−11	−6/−14	−6/−17	−6/−24	−6/−33	0/−1.2	0/−2	0/−3	0/−5	0/−8	0/−11
18	24	−20/−53	−20/−72	−7/−13	−7/−16	−7/−20	−7/−28	−7/−40	0/−1.5	0/−2.5	0/−4	0/−6	0/−9	0/−13
24	30	−20/−53	−20/−72	−7/−13	−7/−16	−7/−20	−7/−28	−7/−40	0/−1.5	0/−2.5	0/−4	0/−6	0/−9	0/−13
30	40	−25/−64	−25/−87	−9/−16	−9/−20	−9/−25	−9/−34	−9/−48	0/−1.5	0/−2.5	0/−4	0/−7	0/−11	0/−16
40	50	−25/−64	−25/−87	−9/−16	−9/−20	−9/−25	−9/−34	−9/−48	0/−1.5	0/−2.5	0/−4	0/−7	0/−11	0/−16
50	65	−30/−76	−30/−104	−10/−18	−10/−23	−10/−29	−10/−40	−10/−50	0/−2	0/−3	0/−5	0/−8	0/−13	0/−19
65	80	−30/−76	−30/−104	−10/−18	−10/−23	−10/−29	−10/−40	−10/−50	0/−2	0/−3	0/−5	0/−8	0/−13	0/−19
80	100	−36/−90	−36/−123	−12/−22	−12/−27	−12/−34	−12/−47	−12/−66	0/−2.5	0/−4	0/−6	0/−10	0/−15	0/−22
100	120	−36/−90	−36/−123	−12/−22	−12/−27	−12/−34	−12/−47	−12/−66	0/−2.5	0/−4	0/−6	0/−10	0/−15	0/−22
120	140	−43/−106	−43/−143	−14/−26	−14/−32	−14/−39	−14/−54	−14/−77	0/−3.5	0/−5	0/−8	0/−12	0/−18	0/−25
140	160	−43/−106	−43/−143	−14/−26	−14/−32	−14/−39	−14/−54	−14/−77	0/−3.5	0/−5	0/−8	0/−12	0/−18	0/−25
160	180	−43/−106	−43/−143	−14/−26	−14/−32	−14/−39	−14/−54	−14/−77	0/−3.5	0/−5	0/−8	0/−12	0/−18	0/−25

（续）

基本尺寸/mm		公 差 带													
		f		g					h						
大于	至	8	9	4	5	6	7	8	1	2	3	4	5	6
180	200	-50 -122	-50 -165	-15 -29	-15 -35	-15 -44	-15 -61	-15 -87	0 -4.5	0 -7	0 -10	0 -14	0 -20	0 -29
200	225	-50 -122	-50 -165	-15 -29	-15 -35	-15 -44	-15 -61	-15 -87	0 -4.5	0 -7	0 -10	0 -14	0 -20	0 -29
225	250	-50 -122	-50 -165	-15 -29	-15 -35	-15 -44	-15 -61	-15 -87	0 -4.5	0 -7	0 -10	0 -14	0 -20	0 -29
250	280	-56 -137	-56 -186	-17 -33	-17 -40	-17 -49	-17 -69	-17 -98	0 -6	0 -8	0 -12	0 -16	0 -23	0 -32
280	315	-56 -137	-56 -186	-17 -33	-17 -40	-17 -49	-17 -69	-17 -98	0 -6	0 -8	0 -12	0 -16	0 -23	0 -32
315	355	-62 -151	-62 -202	-18 -36	-18 -43	-18 -54	-18 -75	-18 -107	0 -7	0 -9	0 -13	0 -18	0 -25	0 -36
355	400	-62 -151	-62 -202	-18 -36	-18 -43	-18 -54	-18 -75	-18 -107	0 -7	0 -9	0 -13	0 -18	0 -25	0 -36
400	450	-68 -165	-68 -223	-20 -40	-20 -47	-20 -60	-20 -83	-20 -117	0 -8	0 -10	0 -15	0 -20	0 -27	0 -40
450	500	-68 -165	-68 -223	-20 -40	-20 -47	-20 -60	-20 -83	-20 -117	0 -8	0 -10	0 -15	0 -20	0 -27	0 -40

基本尺寸/mm		公 差 带												
		h							j			js		
大于	至	7	8	9	10	11	12	13	5	6	7	1	2	3
—	3	0 -10	0 -14	0 -25	0 -40	0 -60	0 -100	0 -140	—	+4 -2	+6 -4	±0.4	±0.6	±1
3	6	0 -12	0 -18	0 -30	0 -48	0 -75	0 -120	0 -180	+3 -2	+6 -2	+8 -4	±0.5	±0.75	±1.25
6	10	0 -15	0 -22	0 -36	0 -58	0 -90	0 -150	0 -220	+4 -2	+7 -2	+10 -5	±0.5	±0.75	±1.25

（续）

基本尺寸/mm		公差带													
		h							j			js		
大于	至	7	8	9	10	11	12	13	5	6	7	1	2	3
10	14	0 −18	0 −27	0 −43	0 −70	0 −110	0 −180	0 −270	+5 −3	+8 −3	+12 −6	±0.6	±1	±1.5
14	18	0 −18	0 −27	0 −43	0 −70	0 −110	0 −180	0 −270	+5 −3	+8 −3	+12 −6	±0.6	±1	±1.5
18	24	0 −21	0 −33	0 −52	0 −84	0 −130	0 −210	0 −330	+5 −4	+9 −4	+13 −8	±0.75	±1.25	±2
24	30	0 −21	0 −33	0 −52	0 −84	0 −130	0 −210	0 −330	+5 −4	+9 −4	+13 −8	±0.75	±1.25	±2
30	40	0 −25	0 −39	0 −62	0 −100	0 −160	0 −250	0 −390	+6 −5	+11 −5	+15 −10	±0.75	±1.25	±2
40	50	0 −25	0 −39	0 −62	0 −100	0 −160	0 −250	0 −390	+6 −5	+11 −5	+15 −10	±0.75	±1.25	±2
50	65	0 −30	0 −46	0 −74	0 −120	0 −190	0 −300	0 −460	+6 −7	+12 −7	+18 −12	±1	±1.5	±2.5
65	80	0 −30	0 −46	0 −74	0 −120	0 −190	0 −300	0 −460	+6 −7	+12 −7	+18 −12	±1	±1.5	±2.5
80	100	0 −35	0 −54	0 −87	0 −140	0 −220	0 −350	0 −540	+6 −9	+13 −9	+20 −15	±1.25	±2	±3
100	120	0 −35	0 −54	0 −87	0 −140	0 −220	0 −350	0 −540	+6 −9	+13 −9	+20 −15	±1.25	±2	±3
120	140	0 −40	0 −63	0 −100	0 −160	0 −250	0 −400	0 −630	+7 −11	+14 −11	+22 −18	±1.75	±2.5	±4
140	160	0 −40	0 −63	0 −100	0 −160	0 −250	0 −400	0 −630	+7 −11	+14 −11	+22 −18	±1.75	±2.5	±4
160	180	0 −40	0 −63	0 −100	0 −160	0 −250	0 −400	0 −630	+7 −11	+14 −11	+22 −18	±1.75	±2.5	±4
180	200	0 −46	0 −72	0 −115	0 −185	0 −290	0 −460	0 −720	+7 −13	+16 −13	+25 −21	±2.25	±3.5	±5
200	225	0 −46	0 −72	0 −115	0 −185	0 −290	0 −460	0 −720	+7 −13	+16 −13	+25 −21	±2.25	±3.5	±5
225	250	0 −46	0 −72	0 −115	0 −185	0 −290	0 −460	0 −720	+7 −13	+16 −13	+25 −21	±2.25	±3.5	±5
250	280	0 −52	0 −81	0 −130	0 −210	0 −320	0 −520	0 −810	+7 −16	—	—	±3	±4	±6
280	315	0 −52	0 −81	0 −130	0 −210	0 −320	0 −520	0 −810	+7 −16	—	—	±3	±4	±6
315	355	0 −57	0 −89	0 −140	0 −230	0 −360	0 −570	0 −890	+7 −18	—	+29 −28	±3.5	±4.5	±6.5
355	400	0 −57	0 −89	0 −140	0 −230	0 −360	0 −570	0 −890	+7 −18	—	+29 −28	±3.5	±4.5	±6.5

（续）

基本尺寸/mm		公差带										
		h							js	j		
大于	至	7	8	9	10	11	12	13	3	5	6	7
400	450	0 -63	0 -97	0 -155	0 -250	0 -400	0 -630	0 -970	±7.5	+7 -20	—	+31 -32
450	500	0 -63	0 -97	0 -155	0 -250	0 -400	0 -630	0 -970	±7.5	+7 -20	—	+31 -32

基本尺寸/mm		公差带										
		js									k	
大于	至	4	5	6	7	8	9	10	11	12	4	5
—	3	±1.5	±2	±3	±5	±7	±12	±20	±30	±50	+3 0	+4 0
3	6	±2	±2.5	±4	±6	±9	±15	±24	±37	±60	+5 +1	+6 +1
6	10	±2	±3	±4.5	±7	±11	±18	±29	±45	±75	+5 +1	+7 +1
10	14	±2.5	±4	±5.5	±9	±13	±21	±35	±55	±90	+6 +1	+9 +1
14	18	±2.5	±4	±5.5	±9	±13	±21	±35	±55	±90	+6 +1	+9 +1
18	24	±3	±4.5	±6.5	±10	±16	±26	±42	±65	±105	+8 +2	+11 +2
24	30	±3	±4.5	±6.5	±10	±16	±26	±42	±65	±105	+8 +2	+11 +2
30	40	±3.5	±5.5	±8	±12	±19	±31	±50	±80	±125	+9 +2	+13 +2
40	50	±3.5	±5.5	±8	±12	±19	±31	±50	±80	±125	+9 +2	+13 +2
50	65	±4	±6.5	±9.5	±15	±23	±37	±60	±95	±150	+10 +2	+15 +2
65	80	±4	±6.5	±9.5	±15	±23	±37	±60	±95	±150	+10 +2	+15 +2

附　录

（续）

基本尺寸/mm		公差带											
		js										k	
大于	至	4	5	6	7	8	9	10	11	12	13	4	5
80	100	±5	±7.5	±11	±17	±27	±43	±70	±110	±175	±270	+13 +3	+18 +3
100	120												
120	140	±6	±9	±12.5	±20	±31	±50	±80	±125	±200	±315	+15 +3	+21 +3
140	160												
160	180												
180	200	±7	±10	±14.5	±23	±36	±57	±92	±145	±230	±360	+18 +4	+24 +4
200	225												
225	250												
250	280	±8	±11.5	±16	±26	±40	±65	±105	±160	±200	±405	+20 +4	+27 +4
280	315												
315	355	±9	±12.5	±18	±28	±44	±70	±115	±180	±285	±445	+22 +4	+29 +4
355	400												
400	450	±10	±13.5	±20	±31	±48	±77	±125	±200	±315	±485	+25 +5	+32 +5
450	500												

基本尺寸/mm		公差带										
		k			m				n			
大于	至	6	7	8	5	6	7	8	5	6	7	8
—	3	+6 0	+10 0	+14 0	+6 +2	+8 +2	+12 +2	+16 +2	+8 +4	+10 +4	+14 +4	+18 +4

(续)

基本尺寸/mm		公差带												
		k			m					n				
大于	至	6	7	8	4	5	6	7	8	4	5	6	7	8
3	6	+9 +1	+13 +1	+18 0	+8 +4	+9 +4	+12 +4	+16 +4	+22 +4	+12 +8	+13 +8	+16 +8	+20 +8	+26 +8
6	10	+10 +1	+16 +1	+22 0	+10 +6	+12 +6	+15 +6	+21 +6	+28 +6	+14 +10	+16 +10	+19 +10	+25 +10	+32 +10
10	14	+12 +1	+19 +1	+27 0	+12 +7	+15 +7	+18 +7	+25 +7	+34 +7	+17 +12	+20 +12	+23 +12	+30 +12	+39 +12
14	18													
18	24	+15 +2	+23 +2	+33 0	+14 +8	+17 +8	+21 +8	+29 +8	+41 +8	+21 +15	+24 +15	+28 +15	+36 +15	+48 +15
24	30													
30	40	+18 +2	+27 +2	+39 0	+16 +9	+20 +9	+25 +9	+34 +9	+48 +9	+24 +17	+28 +17	+33 +17	+42 +17	+56 +17
40	50													
50	65	+21 +2	+32 +2	+46 0	+19 +11	+24 +11	+30 +11	+41 +11	+57 +11	+28 +20	+33 +20	+39 +20	+50 +20	+66 +20
65	80													
80	100	+25 +3	+38 +3	+54 0	+23 +13	+28 +13	+35 +13	+48 +13	+67 +13	+33 +23	+38 +23	+45 +23	+58 +23	+77 +23
100	120													
120	140	+28 +3	+43 +3	+63 0	+27 +15	+33 +15	+40 +15	+55 +15	+78 +15	+39 +27	+45 +27	+52 +27	+67 +27	+90 +27
140	160													
160	180													
180	200	+33 +4	+50 +4	+72 0	+31 +17	+37 +17	+46 +17	+63 +17	+89 +17	+45 +31	+51 +31	+60 +31	+77 +31	+103 +31
200	225													
225	250													

附　录

（续）

基本尺寸/mm		公差带												
		k			m					n				
大于	至	6	7	8	4	5	6	7	8	4	5	6	7	8
250	280	+36 +4	+56 +4	+81 0	+36 +20	+43 +20	+52 +20	+72 +20	+101 +20	+50 +34	+57 +34	+66 +34	+86 +34	+115 +34
280	315													
315	355	+40 +4	+61 +4	+89 0	+39 +21	+46 +21	+57 +21	+78 +21	+110 +21	+55 +37	+62 +37	+73 +37	+94 +37	+126 +37
355	400													
400	450	+45 +5	+68 +5	+97 0	+43 +23	+50 +23	+63 +23	+86 +23	+120 +23	+60 +40	+67 +40	+80 +40	+103 +40	+137 +40
450	500													

基本尺寸/mm		公差带												
		p					r					s		
大于	至	4	5	6	7	8	4	5	6	7	8	4	5	6
—	3	+9 +6	+10 +6	+12 +6	+16 +6	+20 +6	+13 +10	+14 +10	+16 +10	+20 +10	+24 +10	+17 +14	+18 +14	+20 +14
3	6	+16 +12	+17 +12	+20 +12	+24 +12	+30 +12	+19 +15	+20 +15	+23 +15	+27 +15	+33 +15	+23 +19	+24 +19	+27 +19
6	10	+19 +15	+21 +15	+24 +15	+30 +15	+37 +15	+23 +19	+25 +19	+28 +19	+34 +19	+41 +19	+27 +23	+29 +23	+32 +23
10	14	+23 +18	+26 +18	+29 +18	+36 +18	+45 +18	+28 +23	+31 +23	+34 +23	+41 +23	+50 +23	+33 +28	+36 +28	+39 +28
14	18													
18	24	+28 +22	+31 +22	+35 +22	+43 +22	+55 +22	+34 +28	+37 +28	+41 +28	+49 +28	+61 +28	+41 +35	+44 +35	+48 +35
24	30													

（续）

基本尺寸/mm		公差带													
		p					r					s		
大于	至	4	5	6	7	8	4	5	6	7	8	4	5	6
30	40	+33 +26	+37 +26	+42 +26	+51 +26	+65 +26	+41 +34	+45 +34	+50 +34	+59 +34	+73 +34	+50 +43	+54 +43	+59 +43
40	50													
50	65	+40 +32	+45 +32	+51 +32	+62 +32	+78 +32	+49 +41	+54 +41	+60 +41	+71 +41	+87 +41	+61 +53	+66 +53	+72 +53
65	80						+51 +43	+56 +43	+62 +43	+73 +43	+89 +43	+67 +59	+72 +59	+78 +59
80	100	+47 +37	+52 +37	+59 +37	+72 +37	+91 +37	+61 +51	+66 +51	+73 +51	+86 +51	+105 +51	+81 +71	+86 +71	+93 +71
100	120						+64 +54	+69 +54	+76 +54	+89 +54	+108 +54	+89 +79	+94 +79	+101 +79
120	140	+55 +43	+61 +43	+68 +43	+83 +43	+100 +43	+75 +63	+81 +63	+88 +63	+103 +63	+126 +63	+104 +92	+110 +92	+117 +92
140	160						+77 +65	+83 +65	+90 +65	+105 +65	+128 +65	+112 +100	+118 +100	+125 +100
160	180						+80 +68	+86 +68	+93 +68	+108 +68	+131 +68	+120 +108	+126 +108	+133 +108
180	200	+64 +50	+70 +50	+79 +50	+96 +50	+122 +50	+91 +77	+97 +77	+106 +77	+123 +77	+149 +77	+136 +122	+142 +122	+151 +122
200	225						+94 +80	+100 +80	+109 +80	+126 +80	+152 +80	+144 +130	+150 +130	+159 +130
225	250						+98 +84	+104 +84	+113 +84	+130 +84	+156 +84	+154 +140	+160 +140	+169 +140

（续）

基本尺寸/mm		公差带													
		p					r					s			
大于	至	4	5	6	7	8	4	5	6	7	8	4	5	6	7
250	280	+72 +56	+79 +56	+88 +56	+108 +56	+137 +56	+110 +94	+117 +94	+126 +94	+146 +94	+175 +94	+174 +158	+181 +158	+190 +158	—
280	315						+114 +98	+121 +98	+130 +98	+150 +98	+179 +98	+186 +170	+193 +170	+202 +170	—
315	355	+80 +62	+87 +62	+98 +62	+119 +62	+151 +62	+126 +108	+133 +108	+144 +108	+165 +108	+197 +108	+208 +190	+215 +190	+226 +190	—
355	400						+132 +114	+139 +114	+150 +114	+171 +114	+203 +114	+226 +208	+233 +208	+244 +208	—
400	450	+88 +68	+95 +68	+108 +68	+131 +68	+165 +68	+146 +126	+153 +126	+166 +126	+189 +126	+223 +126	+252 +232	+259 +232	+272 +232	—
450	500						+152 +132	+159 +132	+172 +132	+195 +132	+229 +132	+272 +252	+279 +252	+292 +252	—

基本尺寸/mm		公差带									
		s		t		u				v	
大于	至	7	8	7	8	5	6	7	8	5	6	7
—	3	+24 +14	+28 +14	—	—	+22 +18	+24 +18	+28 +18	+32 +18	—	—	—
3	6	+31 +19	+37 +19	—	—	+28 +23	+31 +23	+35 +23	+41 +23	—	—	—

(续)

基本尺寸/mm		公差带												
		s		t				u				v		
大于	至	7	8	5	6	7	8	5	6	7	8	5	6	7
6	10	+38 +23	+45 +23	—	—	—	—	+34 +28	+37 +28	+43 +28	+50 +28	—	—	—
10	14	+46 +28	+55 +28	—	—	—	—	+41 +33	+44 +33	+51 +33	+60 +33	—	—	—
14	18	+46 +28	+55 +28	—	—	—	—	+41 +33	+44 +33	+51 +33	+60 +33	+47 +39	+50 +39	+57 +39
18	24	+56 +35	+68 +35	—	—	—	—	+50 +41	+54 +41	+62 +41	+74 +41	+56 +47	+60 +47	+68 +47
24	30	+56 +35	+68 +35	+50 +41	+54 +41	+62 +41	+74 +41	+57 +48	+61 +48	+69 +48	+81 +48	+64 +55	+68 +55	+76 +55
30	40	+68 +43	+82 +43	+59 +48	+64 +48	+73 +48	+87 +48	+71 +60	+76 +60	+85 +60	+99 +60	+79 +68	+84 +68	+93 +68
40	50	+68 +43	+82 +43	+65 +54	+70 +54	+79 +54	+93 +54	+81 +70	+86 +70	+95 +70	+109 +70	+92 +81	+97 +81	+106 +81
50	65	+83 +53	+90 +53	+79 +66	+85 +66	+96 +66	+112 +66	+100 +87	+106 +87	+117 +87	+133 +87	+115 +102	+121 +102	+132 +102
65	80	+89 +59	+105 +59	+88 +75	+94 +75	+105 +75	+121 +75	+115 +102	+121 +102	+132 +102	+148 +102	+133 +120	+139 +120	+150 +120
80	100	+106 +71	+125 +71	+106 +91	+113 +91	+126 +91	+145 +91	+139 +124	+146 +124	+159 +124	+178 +124	+161 +146	+168 +146	+181 +146

附　录

（续）

基本尺寸/mm		公差带												
		s		t				u				v		
大于	至	7	8	5	6	7	8	5	6	7	8	5	6	7
100	120	+114 +79	+133 +79	+119 +104	+126 +104	+139 +104	+158 +104	+159 +144	+166 +144	+179 +144	+198 +144	+187 +172	+194 +172	+207 +172
120	140	+132 +92	+155 +92	+140 +122	+147 +122	+162 +122	+185 +122	+188 +170	+195 +170	+210 +170	+233 +170	+220 +202	+227 +202	+242 +202
140	160	+140 +100	+163 +100	+152 +134	+159 +134	+174 +134	+197 +134	+208 +190	+215 +190	+230 +190	+253 +190	+246 +228	+253 +228	+268 +228
160	180	+148 +108	+171 +108	+164 +146	+171 +146	+186 +146	+209 +146	+228 +210	+235 +210	+250 +210	+273 +210	+270 +252	+277 +252	+292 +252
180	200	+168 +122	+194 +122	+186 +166	+195 +166	+212 +166	+238 +166	+256 +236	+265 +236	+282 +236	+308 +236	+304 +284	+313 +284	+330 +284
200	225	+176 +130	+202 +130	+200 +180	+209 +180	+226 +180	+252 +180	+278 +258	+287 +258	+304 +258	+330 +258	+330 +310	+339 +310	+356 +310
225	250	+186 +140	+212 +140	+216 +196	+225 +196	+242 +196	+268 +196	+304 +284	+313 +284	+330 +284	+356 +284	+360 +340	+369 +340	+386 +340
250	280	+210 +158	+239 +158	+241 +218	+250 +218	+270 +218	+299 +218	+338 +315	+347 +315	+367 +315	+396 +315	+408 +385	+417 +385	+437 +385
280	315	+222 +170	+251 +170	+263 +240	+272 +240	+292 +240	+321 +240	+373 +350	+382 +350	+402 +350	+431 +350	+448 +425	+457 +425	+477 +425
315	355	+247 +190	+279 +190	+293 +268	+304 +268	+325 +268	+357 +268	+415 +390	+426 +390	+447 +390	+479 +390	+500 +475	+511 +475	+532 +475

公差配合与测量 （续）

基本尺寸/mm		公差带												
		s		t				u				v		
大于	至	7	8	5	6	7	8	5	6	7	8	6	7	
355	400	+265 +208	+297 +208	+319 +294	+330 +294	+351 +294	+383 +294	+460 +435	+471 +435	+492 +435	+524 +435	+566 +530	+587 +530	
400	450	+295 +232	+329 +232	+357 +330	+370 +330	+393 +330	+427 +330	+517 +490	+530 +490	+553 +490	+587 +490	+635 +595	+658 +595	
450	500	+315 +252	+349 +252	+387 +360	+400 +360	+423 +360	+457 +360	+567 +540	+580 +540	+603 +540	+637 +540	+700 +660	+723 +660	

基本尺寸/mm		公差带												
		v	x				y				z			
大于	至	8	5	6	7	8	5	6	7	8	5	6	7	8
—	3	—	+24 +20	+26 +20	+30 +20	+34 +20	—	—	—	—	+30 +26	+32 +26	+36 +26	+40 +26
3	6	—	+33 +28	+36 +28	+40 +28	+46 +28	—	—	—	—	+40 +35	+43 +35	+47 +35	+53 +35
6	10	—	+40 +34	+43 +34	+49 +34	+56 +34	—	—	—	—	+48 +42	+51 +42	+57 +42	+64 +42
10	14	—	+48 +40	+51 +40	+58 +40	+67 +40	—	—	—	—	+58 +50	+61 +50	+68 +50	+77 +50
14	18	+66 +39	+53 +45	+56 +45	+63 +45	+72 +45	—	—	—	—	+68 +60	+71 +60	+78 +60	+87 +60

附　录

(续)

基本尺寸/mm		公差带														
		v	x				y				z					
大于	至	8	5	6	7	8	5	6	7	8	5	6	7	8		
18	24	+80 +47	+63 +54	+67 +54	+75 +54	+87 +54	+72 +63	+76 +63	+84 +63	+96 +63	+82 +73	+86 +73	+94 +73	+106 +73		
24	30	+88 +55	+73 +64	+77 +64	+85 +64	+97 +64	+84 +75	+88 +75	+96 +75	+108 +75	+97 +88	+101 +88	+109 +88	+121 +88		
30	40	+107 +68	+91 +80	+96 +80	+105 +80	+119 +80	+105 +94	+110 +94	+119 +94	+133 +94	+123 +112	+128 +112	+137 +112	+151 +112		
40	50	+120 +81	+108 +97	+113 +97	+122 +97	+136 +97	+125 +114	+130 +114	+139 +114	+153 +114	+147 +136	+152 +136	+161 +136	+175 +136		
50	65	+148 +102	+135 +122	+141 +122	+152 +122	+168 +122	+157 +144	+163 +144	+174 +144	+190 +144	+185 +172	+191 +172	+202 +172	+218 +172		
65	80	+166 +120	+159 +146	+165 +146	+176 +146	+192 +146	+187 +174	+193 +174	+204 +174	+220 +174	+223 +210	+229 +210	+240 +210	+256 +210		
80	100	+200 +146	+193 +178	+200 +178	+213 +178	+232 +178	+229 +214	+236 +214	+249 +214	+268 +214	+273 +258	+280 +258	+293 +258	+312 +258		
100	120	+226 +172	+225 +210	+232 +210	+245 +210	+264 +210	+269 +254	+276 +254	+289 +254	+308 +254	+325 +310	+332 +310	+345 +310	+364 +310		
120	140	+265 +202	+266 +248	+273 +248	+288 +248	+311 +248	+318 +300	+325 +300	+340 +300	+368 +300	+383 +365	+390 +365	+405 +365	+428 +365		
140	160	+291 +228	+298 +280	+305 +280	+320 +280	+343 +280	+358 +340	+365 +340	+380 +340	+403 +340	+433 +415	+440 +415	+455 +415	+478 +415		

公差配合与测量

（续）

基本尺寸/mm		公差带												
		v	x				y				z			
大于	至	8	5	6	7	8	5	6	7	8	5	6	7	8
160	180	+315 +252	+328 +310	+335 +310	+350 +310	+373 +310	+398 +380	+405 +380	+420 +380	+443 +380	+483 +465	+490 +465	+505 +465	+528 +465
180	200	+356 +284	+370 +350	+379 +350	+396 +350	+422 +350	+445 +425	+454 +425	+471 +425	+497 +425	+540 +520	+549 +520	+566 +520	+592 +520
200	225	+382 +310	+405 +385	+414 +385	+431 +385	+457 +385	+490 +470	+499 +470	+516 +470	+542 +470	+595 +575	+604 +575	+621 +575	+647 +575
225	250	+412 +340	+445 +425	+454 +425	+471 +425	+497 +425	+540 +520	+549 +520	+566 +520	+592 +520	+660 +640	+669 +640	+686 +640	+712 +640
250	280	+466 +385	+498 +475	+507 +475	+527 +475	+556 +475	+603 +580	+612 +580	+632 +580	+661 +580	+733 +710	+742 +710	+762 +710	+791 +710
280	315	+506 +425	+548 +525	+557 +525	+577 +525	+606 +525	+673 +650	+682 +650	+702 +650	+731 +650	+813 +790	+822 +790	+842 +790	+871 +790
315	355	+564 +475	+615 +590	+626 +590	+647 +590	+679 +590	+755 +730	+766 +730	+787 +730	+819 +730	+925 +900	+936 +900	+957 +900	+989 +900
355	400	+619 +530	+685 +660	+696 +660	+717 +660	+749 +660	+845 +820	+856 +820	+877 +820	+909 +820	+1025 +1000	+1036 +1000	+1057 +1000	+1089 +1000
400	450	+692 +595	+767 +740	+780 +740	+803 +740	+837 +740	+947 +920	+960 +920	+983 +920	+1017 +920	+1127 +1100	+1140 +1100	+1163 +1100	+1197 +1100
450	500	+757 +660	+847 +820	+860 +820	+883 +820	+917 +820	+1027 +1000	+1040 +1000	+1063 +1000	+1097 +1000	+1277 +1250	+1290 +1250	+1313 +1250	+1347 +1250

注：基本尺寸小于1mm时，各级的 a 和 b 均不采用。

附　录

附录 B　孔的极限偏差

（单位：μm）

基本尺寸/mm		公　差　带												
		A			B				C					
大于	至	9	10	11	12	9	10	11	12	8	9	10	11	12
—	3	+295 +270	+310 +270	+330 +270	+370 +270	+165 +140	+180 +140	+200 +140	+240 +140	+74 +60	+85 +60	+100 +60	+120 +60	+160 +60
3	6	+300 +270	+318 +270	+345 +270	+390 +270	+170 +140	+188 +140	+215 +140	+260 +140	+88 +70	+100 +70	+118 +70	+145 +70	+190 +70
6	10	+316 +280	+338 +280	+370 +280	+430 +280	+186 +150	+208 +150	+240 +150	+300 +150	+102 +80	+116 +80	+138 +80	+170 +80	+230 +80
10	14	+333 +290	+360 +290	+400 +290	+470 +290	+193 +150	+220 +150	+260 +150	+330 +150	+122 +95	+138 +95	+165 +95	+205 +95	+275 +95
14	18													
18	24	+352 +300	+384 +300	+430 +300	+510 +300	+212 +160	+244 +160	+290 +160	+370 +160	+143 +110	+162 +110	+194 +110	+240 +110	+320 +110
24	30													
30	40	+372 +310	+410 +310	+470 +310	+560 +310	+232 +170	+270 +170	+330 +170	+420 +170	+159 +120	+182 +120	+220 +120	+280 +120	+370 +120
40	50	+382 +320	+420 +320	+480 +320	+570 +320	+242 +180	+280 +180	+340 +180	+430 +180	+169 +130	+192 +130	+230 +130	+290 +130	+380 +130

公差配合与测量

（续）

基本尺寸/mm		公差带												
		A				B				C				
大于	至	9	10	11	12	9	10	11	12	8	9	10	11	12
50	65	+414 +340	+460 +340	+530 +340	+640 +340	+264 +190	+310 +190	+380 +190	+490 +190	+186 +140	+214 +140	+260 +140	+330 +140	+440 +140
65	80	+434 +360	+480 +360	+550 +360	+660 +360	+274 +200	+320 +200	+390 +200	+500 +200	+196 +150	+224 +150	+270 +150	+340 +150	+450 +150
80	100	+467 +380	+520 +380	+600 +380	+730 +380	+307 +220	+360 +220	+440 +220	+570 +220	+224 +170	+257 +170	+310 +170	+390 +170	+520 +170
100	120	+497 +410	+550 +410	+630 +410	+760 +410	+327 +240	+380 +240	+460 +240	+590 +240	+234 +180	+267 +180	+320 +180	+400 +180	+530 +180
120	140	+560 +460	+620 +460	+710 +460	+860 +460	+360 +260	+420 +260	+510 +260	+660 +260	+263 +200	+300 +200	+360 +200	+450 +200	+600 +200
140	160	+620 +520	+680 +520	+770 +520	+920 +520	+380 +280	+440 +280	+530 +280	+680 +280	+273 +210	+310 +210	+370 +210	+460 +210	+610 +210
160	180	+680 +580	+740 +580	+830 +580	+980 +580	+410 +310	+470 +310	+560 +310	+710 +310	+293 +230	+330 +230	+390 +230	+480 +230	+630 +230
180	200	+775 +660	+845 +660	+950 +660	+1120 +660	+455 +340	+525 +340	+630 +340	+800 +340	+312 +240	+355 +240	+425 +240	+530 +240	+700 +240
200	225	+855 +740	+925 +740	+1030 +740	+1200 +740	+495 +380	+565 +380	+670 +380	+840 +380	+332 +260	+375 +260	+445 +260	+550 +260	+720 +260
225	250	+935 +820	+1005 +820	+1110 +820	+1280 +820	+535 +420	+605 +420	+710 +420	+880 +420	+352 +280	+395 +280	+465 +280	+570 +280	+740 +280

附　　录（续）

基本尺寸/mm		公差带												
		A				B					C			
大于	至	9	10	11	12	8	9	10	11	12	9	10	11	12
250	280	+1050 +920	+1130 +920	+1240 +920	+1440 +920	+381 +300	+610 +480	+690 +480	+800 +480	+1000 +480	+430 +300	+510 +300	+620 +300	+820 +300
280	315	+1180 +1050	+1260 +1050	+1370 +1050	+1570 +1050	+411 +330	+670 +540	+750 +540	+860 +540	+1060 +540	+460 +330	+540 +330	+650 +330	+850 +330
315	355	+1340 +1200	+1430 +1200	+1560 +1200	+1770 +1200	+449 +360	+740 +600	+830 +600	+960 +600	+1170 +600	+500 +360	+590 +360	+720 +360	+930 +360
355	400	+1490 +1350	+1580 +1350	+1710 +1350	+1920 +1350	+489 +400	+820 +680	+910 +680	+1040 +680	+1250 +680	+540 +400	+630 +400	+760 +400	+970 +400
400	450	+1655 +1500	+1750 +1500	+1900 +1500	+2130 +1500	+537 +440	+915 +760	+1010 +760	+1160 +760	+1390 +760	+595 +440	+690 +440	+840 +440	+1070 +440
450	500	+1805 +1650	+1900 +1650	+2050 +1650	+2280 +1650	+577 +480	+995 +840	+1090 +840	+1240 +840	+1470 +840	+635 +480	+730 +480	+880 +480	+1110 +480

基本尺寸/mm		公差带												
		D					E				F			
大于	至	7	8	9	10	11	7	8	9	10	6	7	8	9
—	3	+30 +20	+34 +20	+45 +20	+60 +20	+80 +20	+24 +14	+28 +14	+39 +14	+54 +14	+12 +6	+16 +6	+20 +6	+31 +6
3	6	+42 +30	+48 +30	+60 +30	+78 +30	+105 +30	+32 +20	+38 +20	+50 +20	+68 +20	+18 +10	+22 +10	+28 +10	+40 +10

（续）

基本尺寸/mm		公差带												
		D					E				F			
大于	至	7	8	9	10	11	7	8	9	10	6	7	8	9
6	10	+55 / +40	+62 / +40	+76 / +40	+98 / +40	+130 / +40	+40 / +25	+47 / +25	+61 / +25	+83 / +25	+22 / +13	+28 / +13	+35 / +13	+49 / +13
10	14	+68 / +50	+77 / +50	+93 / +50	+120 / +50	+160 / +50	+50 / +32	+59 / +32	+75 / +32	+102 / +32	+27 / +16	+34 / +16	+43 / +16	+59 / +16
14	18	+68 / +50	+77 / +50	+93 / +50	+120 / +50	+160 / +50	+50 / +32	+59 / +32	+75 / +32	+102 / +32	+27 / +16	+34 / +16	+43 / +16	+59 / +16
18	24	+86 / +65	+98 / +65	+117 / +65	+149 / +65	+195 / +65	+61 / +40	+73 / +40	+92 / +40	+124 / +40	+33 / +20	+41 / +20	+53 / +20	+72 / +20
24	30	+86 / +65	+98 / +65	+117 / +65	+149 / +65	+195 / +65	+61 / +40	+73 / +40	+92 / +40	+124 / +40	+33 / +20	+41 / +20	+53 / +20	+72 / +20
30	40	+105 / +80	+119 / +80	+142 / +80	+180 / +80	+240 / +80	+75 / +50	+89 / +50	+112 / +50	+150 / +50	+41 / +25	+50 / +25	+64 / +25	+87 / +25
40	50	+105 / +80	+119 / +80	+142 / +80	+180 / +80	+240 / +80	+75 / +50	+89 / +50	+112 / +50	+150 / +50	+41 / +25	+50 / +25	+64 / +25	+87 / +25
50	65	+130 / +100	+146 / +100	+174 / +100	+220 / +100	+290 / +100	+90 / +60	+106 / +60	+134 / +60	+180 / +60	+49 / +30	+60 / +30	+76 / +30	+104 / +30
65	80	+130 / +100	+146 / +100	+174 / +100	+220 / +100	+290 / +100	+90 / +60	+106 / +60	+134 / +60	+180 / +60	+49 / +30	+60 / +30	+76 / +30	+104 / +30
80	100	+155 / +120	+174 / +120	+207 / +120	+260 / +120	+340 / +120	+107 / +72	+126 / +72	+159 / +72	+212 / +72	+58 / +36	+71 / +36	+90 / +36	+123 / +36
100	120	+155 / +120	+174 / +120	+207 / +120	+260 / +120	+340 / +120	+107 / +72	+126 / +72	+159 / +72	+212 / +72	+58 / +36	+71 / +36	+90 / +36	+123 / +36
120	140	+185 / +145	+208 / +145	+245 / +145	+305 / +145	+395 / +145	+125 / +85	+148 / +85	+185 / +85	+245 / +85	+68 / +43	+83 / +43	+106 / +43	+143 / +43
140	160	+185 / +145	+208 / +145	+245 / +145	+305 / +145	+395 / +145	+125 / +85	+148 / +85	+185 / +85	+245 / +85	+68 / +43	+83 / +43	+106 / +43	+143 / +43
160	180	+185 / +145	+208 / +145	+245 / +145	+305 / +145	+395 / +145	+125 / +85	+148 / +85	+185 / +85	+245 / +85	+68 / +43	+83 / +43	+106 / +43	+143 / +43
180	200	+216 / +170	+242 / +170	+285 / +170	+355 / +170	+460 / +170	+146 / +100	+172 / +100	+215 / +100	+285 / +100	+79 / +50	+96 / +50	+122 / +50	+165 / +50
200	225	+216 / +170	+242 / +170	+285 / +170	+355 / +170	+460 / +170	+146 / +100	+172 / +100	+215 / +100	+285 / +100	+79 / +50	+96 / +50	+122 / +50	+165 / +50
225	250	+216 / +170	+242 / +170	+285 / +170	+355 / +170	+460 / +170	+146 / +100	+172 / +100	+215 / +100	+285 / +100	+79 / +50	+96 / +50	+122 / +50	+165 / +50
250	280	+242 / +190	+271 / +190	+320 / +190	+400 / +190	+510 / +190	+162 / +110	+191 / +110	+240 / +110	+320 / +110	+88 / +56	+108 / +56	+137 / +56	+186 / +56
280	315	+242 / +190	+271 / +190	+320 / +190	+400 / +190	+510 / +190	+162 / +110	+191 / +110	+240 / +110	+320 / +110	+88 / +56	+108 / +56	+137 / +56	+186 / +56

（续）

基本尺寸/mm		公差带												
		D					E				F			
大于	至	7	8	9	10	11	7	8	9	10	6	7	8	9
315	355	+267 +210	+299 +210	+350 +210	+440 +210	+570 +210	+182 +125	+214 +125	+265 +125	+355 +125	+98 +62	+119 +62	+151 +62	+202 +62
355	400													
400	450	+293 +230	+327 +230	+385 +230	+480 +230	+630 +230	+198 +135	+232 +135	+290 +135	+385 +135	+108 +68	+131 +68	+165 +68	+223 +68
450	500													

基本尺寸/mm		公差带												
		G				H								
大于	至	5	6	7	8	1	2	3	4	5	6	7	8	9
—	3	+6 +2	+8 +2	+12 +2	+16 +2	+0.8 0	+1.2 0	+2 0	+3 0	+4 0	+6 0	+10 0	+14 0	+25 0
3	6	+9 +4	+12 +4	+16 +4	+22 +4	+1 0	+1.5 0	+2.5 0	+4 0	+5 0	+8 0	+12 0	+18 0	+30 0
6	10	+11 +5	+14 +5	+20 +5	+27 +5	+1 0	+1.5 0	+2.5 0	+4 0	+6 0	+9 0	+15 0	+22 0	+36 0
10	14	+14 +6	+17 +6	+24 +6	+33 +6	+1.2 0	+2 0	+3 0	+5 0	+8 0	+11 0	+18 0	+27 0	+43 0
14	18													
18	24	+16 +7	+20 +7	+28 +7	+40 +7	+1.5 0	+2.5 0	+4 0	+6 0	+9 0	+13 0	+21 0	+33 0	+52 0
24	30													
30	40	+20 +9	+25 +9	+34 +9	+48 +9	+1.5 0	+2.5 0	+4 0	+7 0	+11 0	+16 0	+25 0	+39 0	+62 0
40	50													

（续）

基本尺寸/mm		公差带												
		G				H								
大于	至	5	6	7	8	1	2	3	4	5	6	7	8	9
50	65	+23 +10	+29 +10	+40 +10	+56 +10	+2 0	+3 0	+5 0	+8 0	+13 0	+19 0	+30 0	+46 0	+74 0
65	80	+23 +10	+29 +10	+40 +10	+56 +10	+2 0	+3 0	+5 0	+8 0	+13 0	+19 0	+30 0	+46 0	+74 0
80	100	+27 +12	+34 +12	+47 +12	+66 +12	+2.5 0	+4 0	+6 0	+10 0	+15 0	+22 0	+35 0	+54 0	+87 0
100	120	+27 +12	+34 +12	+47 +12	+66 +12	+2.5 0	+4 0	+6 0	+10 0	+15 0	+22 0	+35 0	+54 0	+87 0
120	140	+32 +14	+39 +14	+54 +14	+77 +14	+3.5 0	+5 0	+8 0	+12 0	+18 0	+25 0	+40 0	+63 0	+100 0
140	160	+32 +14	+39 +14	+54 +14	+77 +14	+3.5 0	+5 0	+8 0	+12 0	+18 0	+25 0	+40 0	+63 0	+100 0
160	180	+32 +14	+39 +14	+54 +14	+77 +14	+3.5 0	+5 0	+8 0	+12 0	+18 0	+25 0	+40 0	+63 0	+100 0
180	200	+35 +15	+44 +15	+61 +15	+87 +15	+4.5 0	+7 0	+10 0	+14 0	+20 0	+29 0	+46 0	+72 0	+115 0
200	225	+35 +15	+44 +15	+61 +15	+87 +15	+4.5 0	+7 0	+10 0	+14 0	+20 0	+29 0	+46 0	+72 0	+115 0
225	250	+35 +15	+44 +15	+61 +15	+87 +15	+4.5 0	+7 0	+10 0	+14 0	+20 0	+29 0	+46 0	+72 0	+115 0
250	280	+40 +17	+49 +17	+69 +17	+98 +17	+6 0	+8 0	+12 0	+16 0	+23 0	+32 0	+52 0	+81 0	+130 0
280	315	+40 +17	+49 +17	+69 +17	+98 +17	+6 0	+8 0	+12 0	+16 0	+23 0	+32 0	+52 0	+81 0	+130 0
315	355	+43 +18	+54 +18	+75 +18	+107 +18	+7 0	+9 0	+13 0	+18 0	+25 0	+36 0	+57 0	+89 0	+140 0
355	400	+43 +18	+54 +18	+75 +18	+107 +18	+7 0	+9 0	+13 0	+18 0	+25 0	+36 0	+57 0	+89 0	+140 0
400	450	+47 +20	+60 +20	+83 +20	+117 +20	+8 0	+10 0	+15 0	+20 0	+27 0	+40 0	+63 0	+97 0	+155 0
450	500	+47 +20	+60 +20	+83 +20	+117 +20	+8 0	+10 0	+15 0	+20 0	+27 0	+40 0	+63 0	+97 0	+155 0

(续)

基本尺寸 /mm		公 差 带													
大于	至	H				J			JS						
		10	11	12	13	6	7	8	1	2	3	4	5	6
—	3	+40 0	+60 0	+100 0	+140 0	+2 -4	+4 -6	+6 -8	±0.4	±0.6	±1	±1.5	±2	±3
3	6	+48 0	+75 0	+120 0	+180 0	+5 -3	—	+10 -8	±0.5	±0.75	±1.25	±2	±2.5	±4
6	10	+58 0	+90 0	+150 0	+220 0	+5 -4	+8 -7	+12 -10	±0.5	±0.75	±1.25	±2	±3	±4.5
10	14	+70 0	+110 0	+180 0	+270 0	+6 -5	+10 -8	+15 -12	±0.6	±1	±1.5	±2.5	±4	±5.5
14	18													
18	24	+84 0	+130 0	+210 0	+330 0	+8 -5	+12 -9	+20 -13	±0.75	±1.25	±2	±3	±4.5	±6.5
24	30													
30	40	+100 0	+160 0	+250 0	+390 0	+10 -6	+14 -11	+24 -15	±0.75	±1.25	±2	±3.5	±5.5	±8
40	50													
50	65	+120 0	+190 0	+300 0	+460 0	+13 -6	+18 -12	+28 -18	±1	±1.5	±2.5	±4	±6.5	±9.5
65	80													
80	100	+140 0	+220 0	+350 0	+540 0	+16 -6	+22 -13	+34 -20	±1.25	±2	±3	±5	±7.5	±11
100	120													
120	140	+160 0	+250 0	+400 0	+630 0	+18 -7	+26 -14	+41 -22	±1.75	±2.5	±4	±6	±9	±12.5
140	160													
160	180													

（续）

基本尺寸/mm		H				J			JS					
大于	至	10	11	12	13	6	7	8	1	2	3	4	5	6
180	200	+185 0	+290 0	+460 0	+720 0	+22 -7	+30 -16	+47 -25	±2.25	±3.5	±5	±7	±10	±14.5
200	225													
225	250													
250	280	+210 0	+320 0	+520 0	+810 0	+25 -7	+36 -16	+55 -26	±3	±4	±6	±8	±11.5	±16
280	315													
315	355	+230 0	+360 0	+570 0	+890 0	+29 -7	+39 -18	+60 -29	±3.5	±4.5	±6.5	±9	±12.5	±18
355	400													
400	450	+250 0	+400 0	+630 0	+970 0	+33 -7	+43 -20	+66 -31	±4	±5	±7.5	±10	±13.5	±20
450	500													

基本尺寸/mm		JS							K					M
大于	至	7	8	9	10	11	12	13	4	5	6	7	8	4
—	3	±5	±7	±12	±20	±30	±50	±70	0 -4	0 -4	0 -6	0 -10	0 -14	-2 -5
3	6	±6	±9	±15	±24	±37	±60	±90	+0.5 -3.5	0 -5	+2 -6	+3 -9	+5 -13	-2.5 -6.5
6	10	±7	±11	±18	±29	±45	±75	±110	+0.5 -3.5	+1 -5	+2 -7	+5 -10	+6 -16	-4.5 -8.5

172

附　录

（续）

基本尺寸/mm 大于	至	JS 7	JS 8	JS 9	JS 10	JS 11	JS 12	JS 13	K 4	K 5	K 6	K 7	K 8	M 4
10	14	±9	±13	±21	±35	±55	±90	±135	+1/-4	+2/-6	+2/-9	+6/-12	+8/-19	-5/-10
14	18	±9	±13	±21	±35	±55	±90	±135	+1/-4	+2/-6	+2/-9	+6/-12	+8/-19	-5/-10
18	24	±10	±16	±26	±42	±65	±105	±165	0/-6	+1/-8	+2/-11	+6/-15	+10/-23	-6/-12
24	30	±10	±16	±26	±42	±65	±105	±165	0/-6	+1/-8	+2/-11	+6/-15	+10/-23	-6/-12
30	40	±12	±19	±31	±50	±80	±125	±195	+1/-6	+2/-9	+3/-13	+7/-18	+12/-27	-6/-13
40	50	±12	±19	±31	±50	±80	±125	±195	+1/-6	+2/-9	+3/-13	+7/-18	+12/-27	-6/-13
50	65	±15	±23	±37	±60	±95	±150	±230	+1/-7	+3/-10	+4/-15	+9/-21	+14/-32	-8/-16
65	80	±15	±23	±37	±60	±95	±150	±230	+1/-7	+3/-10	+4/-15	+9/-21	+14/-32	-8/-16
80	100	±17	±27	±43	±70	±110	±175	±270	+1/-9	+2/-13	+4/-18	+10/-25	+16/-38	-9/-19
100	120	±17	±27	±43	±70	±110	±175	±270	+1/-9	+2/-13	+4/-18	+10/-25	+16/-38	-9/-19
120	140	±20	±31	±50	±80	±125	±200	±315	+1/-11	+3/-15	+4/-21	+12/-28	+20/-43	-11/-23
140	160	±20	±31	±50	±80	±125	±200	±315	+1/-11	+3/-15	+4/-21	+12/-28	+20/-43	-11/-23
160	180	±20	±31	±50	±80	±125	±200	±315	+1/-11	+3/-15	+4/-21	+12/-28	+20/-43	-11/-23
180	200	±23	±36	±57	±92	±145	±230	±360	0/-14	+2/-18	+5/-24	+13/-33	+22/-50	-13/-27
200	225	±23	±36	±57	±92	±145	±230	±360	0/-14	+2/-18	+5/-24	+13/-33	+22/-50	-13/-27
225	250	±23	±36	±57	±92	±145	±230	±360	0/-14	+2/-18	+5/-24	+13/-33	+22/-50	-13/-27

（续）

基本尺寸/mm		公差带												
		JS							K					M
大于	至	7	8	9	10	11	12	13	4	5	6	7	8	4
250	280	±26	±40	±65	±105	±160	±260	±405	0 -16	+3 -20	+5 -27	+16 -36	+25 -56	-16 -32
280	315	±26	±40	±65	±105	±160	±260	±405	0 -16	+3 -20	+5 -27	+16 -36	+25 -56	-16 -32
315	355	±28	±44	±70	±115	±180	±285	±445	+1 -17	+3 -22	+7 -29	+17 -40	+28 -61	-16 -34
355	400	±28	±44	±70	±115	±180	±285	±445	+1 -17	+3 -22	+7 -29	+17 -40	+28 -61	-16 -34
400	450	±31	±48	±77	±125	±200	±315	±485	0 -20	+2 -25	+8 -32	+18 -45	+29 -68	-18 -38
450	500	±31	±48	±77	±125	±200	±315	±485	0 -20	+2 -25	+8 -32	+18 -45	+29 -68	-18 -38

基本尺寸/mm		公差带											
		M				N					P			
大于	至	5	6	7	8	5	6	7	8	9	5	6	7	8
—	3	-2 -6	-2 -8	-2 -12	-2 -16	-4 -8	-4 -10	-4 -14	-4 -18	-4 -29	-6 -10	-6 -12	-6 -16	-6 -20
3	6	-3 -8	-1 -9	0 -12	+2 -16	-7 -12	-5 -13	-4 -16	-2 -20	0 -30	-11 -16	-9 -17	-8 -20	-12 -30
6	10	-4 -10	-3 -12	0 -15	+1 -21	-8 -14	-7 -16	-4 -19	-3 -25	0 -36	-13 -19	-12 -21	-9 -24	-15 -37
10	14	-4 -12	-4<
-15	0 -18	+2 -25	-9 -17	-9 -20	-5 -23	-3 -30	0 -43	-15 -23	-15 -26	-11 -29	-18 -45
14	18	-4 -12	-4 -15	0 -18	+2 -25	-9 -17	-9 -20	-5 -23	-3 -30	0 -43	-15 -23	-15 -26	-11 -29	-18 -45

（续）

基本尺寸/mm		公　差　带												
		M				N					P			
大于	至	5	6	7	8	5	6	7	8	9	5	6	7	8
18	24	-5 -14	-4 -17	0 -21	+4 -29	-12 -21	-11 -24	-7 -28	-3 -36	0 -52	-19 -28	-18 -31	-14 -35	-22 -55
24	30	-5 -16	-4 -20	0 -25	+5 -34	-13 -24	-12 -28	-8 -33	-3 -42	0 -62	-22 -33	-21 -37	-17 -42	-26 -65
30	40	-6 -19	-5 -24	0 -30	+5 -41	-15 -28	-14 -33	-9 -39	-4 -50	0 -74	-27 -40	-26 -45	-21 -51	-32 -78
40	50	-8 -23	-6 -28	0 -35	+6 -48	-18 -33	-16 -38	-10 -45	-4 -58	0 -87	-32 -47	-30 -52	-24 -59	-37 -91
50	65	-9 -27	-8 -33	0 -40	+8 -55	-21 -39	-20 -45	-12 -52	-4 -67	0 -100	-37 -55	-36 -61	-28 -68	-43 -106
65	80	-11 -31	-8 -37	0 -46	+9 -63	-25 -45	-22 -51	-14 -60	-5 -77	0 -115	-44 -64	-41 -70	-33 -79	-50 -122
80	100	-13 -36	-9 -41	0 -52	+9 -72	-27 -50	-25 -57	-14 -66	-5 -86	0 -130	-49 -72	-47 -79	-36 -88	-56 -137

公差配合与测量

（续）

基本尺寸 /mm		公 差 带												
		M				N					P			
大于	至	5	6	7	8	5	6	7	8	9	5	6	7	8
315	355	-14/-39	-10/-46	0/-57	+11/-78	-30/-55	-26/-62	-16/-73	-5/-94	0/-140	-55/-80	-51/-87	-41/-98	-62/-151
355	400	-14/-39	-10/-46	0/-57	+11/-78	-30/-55	-26/-62	-16/-73	-5/-94	0/-140	-55/-80	-51/-87	-41/-98	-62/-151
400	450	-16/-43	-10/-50	0/-63	+11/-86	-33/-60	-27/-67	-17/-80	-6/-103	0/-155	-61/-88	-55/-95	-45/-108	-68/-165
450	500	-16/-43	-10/-50	0/-63	+11/-86	-33/-60	-27/-67	-17/-80	-6/-103	0/-155	-61/-88	-55/-95	-45/-108	-68/-165

基本尺寸 /mm		公 差 带												
		P	R				S			T			U	
大于	至	9	5	6	7	8	6	7	8	6	7	8	6	
—	3	-6/-31	-10/-14	-10/-16	-10/-20	-10/-24	-14/-20	-14/-24	-14/-28	—	—	—	-18/-24	
3	6	-12/-42	-14/-19	-12/-20	-11/-23	-15/-33	-16/-24	-15/-27	-19/-37	—	—	—	-20/-28	
6	10	-15/-51	-17/-23	-16/-25	-13/-28	-19/-41	-20/-29	-17/-32	-23/-45	—	—	—	-25/-34	
10	14	-18/-61	-20/-28	-20/-31	-16/-34	-23/-50	-25/-36	-21/-39	-28/-55	—	—	—	-30/-41	
14	18	-18/-61	-20/-28	-20/-31	-16/-34	-23/-50	-25/-36	-21/-39	-28/-55	—	—	—	-30/-41	

附　录

（续）

基本尺寸/mm		公差带												
		P	R				S				T			U
大于	至	9	5	6	7	8	5	6	7	8	6	7	8	6
18	24	-22 -74	-25 -34	-24 -37	-20 -41	-28 -61	-32 -41	-31 -44	-27 -48	-35 -68	—	—	—	-37 -50
24	30										-37 -50	-33 -54	-41 -74	-44 -57
30	40	-26 -88	-30 -41	-29 -45	-25 -50	-34 -73	-39 -50	-38 -54	-34 -59	-43 -82	-43 -59	-39 -64	-48 -87	-55 -71
40	50										-49 -65	-45 -70	-54 -93	-65 -81
50	65	-32 -106	-36 -49	-35 -54	-30 -60	-41 -87	-48 -61	-47 -66	-42 -72	-53 -99	-60 -79	-55 -85	-66 -112	-81 -100
65	80		-38 -51	-37 -56	-32 -62	-43 -89	-54 -67	-53 -72	-48 -78	-59 -105	-69 -88	-64 -94	-75 -121	-96 -115
80	100	-37 -124	-46 -61	-44 -66	-38 -73	-51 -105	-66 -81	-64 -86	-58 -93	-71 -125	-84 -106	-78 -113	-91 -145	-117 -139
100	120		-49 -64	-47 -69	-41 -76	-54 -108	-74 -89	-72 -94	-66 -101	-79 -133	-97 -119	-91 -126	-104 -158	-137 -159

（续）

基本尺寸/mm		公差带												
		P	R				S				T			U
大于	至	9	5	6	7	8	5	6	7	8	6	7	8	6
120	140	−43 −143	−57 −75	−56 −81	−48 −88	−63 −126	−86 −104	−85 −110	−77 −117	−92 −155	−115 −140	−107 −147	−122 −185	−163 −188
140	160		−59 −77	−58 −83	−50 −90	−65 −128	−94 −112	−93 −118	−85 −125	−100 −163	−127 −152	−119 −159	−134 −197	−183 −208
160	180		−62 −80	−61 −86	−53 −93	−68 −131	−102 −120	−101 −126	−93 −133	−108 −171	−139 −164	−131 −171	−146 −209	−203 −228
180	200	−50 −165	−71 −91	−68 −97	−60 −106	−77 −149	−116 −136	−113 −142	−105 −151	−122 −194	−157 −186	−149 −195	−166 −238	−227 −256
200	225		−74 −94	−71 −100	−63 −109	−80 −152	−124 −144	−121 −150	−113 −159	−130 −202	−171 −200	−163 −209	−180 −252	−249 −278
225	250		−78 −98	−75 −104	−67 −113	−84 −156	−134 −154	−131 −160	−123 −169	−140 −212	−187 −216	−179 −225	−196 −268	−275 −304
250	280	−56 −186	−87 −110	−85 −117	−74 −126	−94 −175	−151 −174	−149 −181	−138 −190	−158 −239	−209 −241	−198 −250	−218 −299	−306 −338
280	315		−91 −114	−89 −121	−78 −130	−98 −179	−163 −186	−161 −193	−150 −202	−170 −251	−231 −263	−220 −272	−240 −321	−341 −373

附　录

（续）

基本尺寸/mm		公差带												
		P	R				S				T			U
大于	至	9	5	6	7	8	5	6	7	8	6	7	8	6
315	355	-62 -202	-101 -126	-97 -133	-87 -144	-108 -197	-183 -208	-179 -215	-169 -226	-190 -279	-257 -293	-247 -304	-268 -357	-379 -415
355	400		-107 -132	-103 -139	-93 -150	-114 -203	-201 -226	-197 -233	-187 -244	-208 -297	-283 -319	-273 -330	-294 -383	-424 -460
400	450	-68 -223	-119 -146	-113 -153	-103 -166	-126 -223	-225 -252	-219 -259	-209 -272	-232 -329	-317 -357	-307 -370	-330 -427	-477 -517
450	500		-125 -152	-119 -159	-109 -172	-132 -229	-245 -272	-239 -279	-229 -292	-252 -349	-347 -387	-337 -400	-360 -457	-527 -567

基本尺寸/mm		公差带											
		U		V			X			Y			Z	
大于	至	7	8	6	7	8	6	7	8	6	7	8	6	7	8
—	3	-18 -28	-18 -32	—	—	—	-20 -26	-20 -30	-20 -34	—	—	—	-26 -32	-26 -36	-26 -40
3	6	-19 -31	-23 -41	—	—	—	-25 -33	-24 -36	-28 -46	—	—	—	-32 -40	-31 -43	-35 -53

（续）

基本尺寸/mm		公差带																
		U		V			X			Y			Z		
大于	至	7	8	6	7	8	6	7	8	6	7	8	6	7	8
6	10	-22 -37	-28 -50	—	—	—	-31 -40	-28 -43	-34 -56	—	—	—	-39 -48	-36 -51	-42 -64
10	14	-26 -44	-33 -60	—	—	—	-37 -48	-33 -51	-40 -67	—	—	—	-47 -58	-43 -61	-50 -77
14	18	-26 -44	-33 -60	-36 -47	-32 -50	-39 -66	-42 -53	-38 -56	-45 -72	—	—	—	-57 -68	-53 -71	-60 -87
18	24	-33 -54	-41 -74	-43 -56	-39 -60	-47 -80	-50 -63	-46 -67	-54 -87	-59 -72	-55 -76	-63 -96	-69 -82	-65 -86	-73 -106
24	30	-40 -61	-48 -81	-51 -64	-47 -68	-55 -88	-60 -73	-56 -77	-64 -97	-71 -84	-67 -88	-75 -108	-84 -97	-80 -101	-88 -121
30	40	-51 -76	-60 -99	-63 -79	-59 -84	-68 -107	-75 -91	-71 -96	-80 -119	-89 -105	-85 -110	-94 -133	-107 -123	-103 -128	-112 -151
40	50	-61 -86	-70 -109	-76 -92	-72 -97	-81 -120	-92 -108	-88 -113	-97 -136	-109 -125	-105 -130	-114 -153	-131 -147	-127 -152	-136 -175
50	65	-76 -106	-87 -133	-96 -115	-91 -121	-102 -148	-116 -135	-111 -141	-122 -168	-138 -157	-133 -163	-144 -190	-166 -185	-161 -191	-172 -218
65	80	-91 -121	-102 -148	-114 -133	-109 -139	-120 -166	-140 -159	-135 -165	-146 -192	-168 -187	-163 -193	-174 -220	-204 -223	-199 -229	-210 -256

附　录

（续）

基本尺寸/mm		公差带															
		U		V			X			Y			Z		
大于	至	7	8	6	7	8	6	7	8	6	7	8	6	7	8
80	100	-111 -146	-124 -178	-139 -161	-133 -168	-146 -200	-171 -193	-165 -200	-178 -232	-207 -229	-201 -236	-214 -268	-251 -273	-245 -280	-258 -312
100	120	-131 -166	-144 -198	-165 -187	-159 -194	-172 -226	-203 -225	-197 -232	-210 -264	-247 -269	-241 -276	-254 -308	-303 -325	-297 -332	-310 -364
120	140	-155 -195	-170 -233	-195 -220	-187 -227	-202 -265	-241 -266	-233 -273	-248 -311	-293 -318	-285 -325	-300 -363	-358 -383	-350 -390	-365 -428
140	160	-175 -215	-190 -253	-221 -246	-213 -253	-228 -291	-273 -298	-265 -305	-280 -343	-333 -358	-325 -365	-340 -403	-408 -433	-400 -440	-415 -478
160	180	-195 -235	-210 -273	-245 -270	-237 -277	-252 -315	-303 -328	-295 -335	-310 -373	-373 -398	-365 -405	-380 -443	-458 -483	-450 -490	-465 -528
180	200	-219 -265	-236 -308	-275 -304	-267 -313	-284 -356	-341 -370	-333 -379	-350 -422	-416 -445	-408 -454	-425 -497	-511 -540	-503 -549	-520 -592
200	225	-241 -287	-258 -330	-301 -330	-293 -339	-310 -382	-376 -405	-368 -414	-385 -457	-461 -490	-453 -499	-470 -542	-566 -595	-558 -604	-575 -647
225	250	-267 -313	-284 -356	-331 -360	-323 -369	-340 -412	-416 -445	-408 -454	-425 -497	-511 -540	-503 -549	-520 -592	-631 -660	-623 -669	-640 -712

公差配合与测量

（续）

基本尺寸/mm		公 差 带													
		U		V			X			Y			Z		
大于	至	7	8	6	7	8	6	7	8	6	7	8	6	7	8
250	280	-295 -347	-315 -396	-376 -408	-365 -417	-385 -466	-466 -498	-455 -507	-475 -556	-571 -603	-560 -612	-580 -661	-701 -733	-690 -742	-710 -791
280	315	-330 -382	-350 -431	-416 -448	-405 -457	-425 -506	-516 -548	-505 -557	-525 -606	-641 -673	-630 -682	-650 -731	-781 -813	-770 -822	-790 -871
315	355	-369 -426	-390 -479	-464 -500	-454 -511	-475 -564	-579 -615	-560 -626	-590 -679	-719 -755	-709 -766	-730 -819	-889 -925	-879 -936	-900 -989
355	400	-414 -471	-435 -524	-519 -555	-509 -566	-530 -619	-649 -685	-639 -696	-660 -749	-809 -845	-799 -856	-820 -909	-989 -1025	-979 -1036	-1000 -1089
400	450	-467 -530	-490 -587	-582 -622	-572 -635	-595 -692	-727 -767	-717 -780	-740 -837	-907 -947	-897 -969	-920 -1017	-1087 -1127	-1077 -1140	-1100 -1197
450	500	-517 -580	-540 -637	-647 -687	-637 -700	-660 -757	-807 -847	-797 -860	-820 -917	-987 -1027	-977 -1040	-1000 -1097	-1237 -1277	-1227 -1290	-1250 -1347

注：1. 基本尺寸小于 1mm 时，各级的 A 和 B 均不采用。
2. 当基本尺寸大于 250 至 315mm 时，M6 的 ES 等于 -9（不等于 -11）。
3. 基本尺寸小于 1mm 时，大于 IT8 的 N 不采用。

参 考 文 献

[1] 陈隆德,赵福令. 机械精度设计与检测技术[M]. 北京：机械工业出版社,2001.
[2] 方仲彦,李岩. 质量工程与计量技术基础[M]. 北京：清华大学出版社,2002.
[3] 孔庆华,刘传绍. 极限配合与测量技术基础[M]. 上海：同济大学出版社,2002.
[4] 胡荆生. 公差配合与技术测量基础[M]. 北京：中国劳动社会保障出版社,2000.
[5] 机械工业部. 公差配合与测量[M]. 北京：机械工业出版社,1999.
[6] 温松明. 互换性与测量技术基础[M]. 长沙：湖南大学出版社,1998.
[7] 张玉文,唐永才. 角度测量[M]. 北京：中国计量出版社,1998.
[8] 唐以溙,等. 通用量具及检具[M]. 北京：中国计量出版社,1998.
[9] 胡荆生,等. 公差配合与技术测量基础习题册[M]. 2版. 中国劳动社会保障出版社,2000.